HEIMLICHE
HAUSTIERE

Stefan Wilfert

HEIM LICHE HAUS TIERE

GRUBBE

Ich danke meinem Bruder Dr. Michael Wilfert
für die fachliche Durchsicht des Buches.
Sollten noch Fehler vorhanden sein,
so gehen sie auf meine Kappe.
S. W.

INHALT

VOR ALLEM

Als wir Menschen die Bühne des Lebens betraten, da hatte die Evolution schon vier Milliarden Jahre Zeit gehabt, um auszuprobieren. Und alles was um uns herum so kreucht und fleucht hat eine Geschichte hinter sich, vor allem eine Erfolgsgeschichte. Die haben schon einiges erlebt, die Insekten und Käfer und Spinnen und die vielen anderen, die für uns eher lästig, manchmal sogar sehr lästig sind. Dabei zeigen sich da unten im Bereich der Mill - und Zentimeter wahre Meisterwerke an Statik, Effizienz und Nachhaltigkeit. Die sind das lebendige Beispiel für einen verantwortungsvollen Umgang mit den Ressourcen, die ihnen zur Verfügung stehen. Jede noch so kleine Nische an Möglichkeiten wird besetzt und genutzt. Und wenn wir Menschen den Krabblern und Flüglern neue Nischen anbieten durch unser Hiersein und Sosein, dann müssen wir uns nicht wundern, dass die viel lebenserfahreneren Kleinstlebewesen die auch nutzen. Kurzum, sie sind kaum kleinzukriegen, schließlich sind sie schon klein. Und wenn wir da so drastisch eingreifen, dann tun wir das häufig mit chemischen Kampfmitteln, die in unserer Lebenswelt eigentlich verboten werden sollten. Wir Menschen sind besondere Lebewesen, denn wir haben eine Wahl, wir können uns entscheiden für das Richtige. Alle anderen können nur reagieren, wir können agieren. Und statt die Fliegenklatsche zu nehmen und mit Hand und Fuß auf den kleinen Mitbewohnern herumzutreten und draufzuhauen, wäre vielleicht ein Moment des Innehaltens angesagt, zum Beispiel mit diesem Buch von Stefan Wilfert. Wenn Ihre kleinen Mitbewohner Sie stören, dann sammeln Sie sie und bringen sie einfach nach draußen. Ich bin mir sicher, Sie fühlen sich viel besser, denn Sie wissen, Sie haben etwas Gutes getan. Alte Pfadfinderweisheit: Jeden Tag eine gute Tat. Noch besser: Warum denn nur eine?

Prof. Dr. Harald Lesch

ES GIBT KEIN UNGEZIEFER!

Der wahrhaft Ethische nimmt sich die Zeit,
einem Insekt, das in einen Tümpel gefallen ist,
ein Blatt oder einen Halm zur Rettung hinzuhalten.
Und er fürchtet sich nicht, als sentimental
belächelt zu werden.
Albert Schweitzer

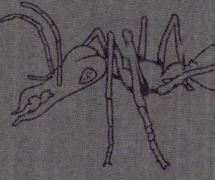

Früher waren Insekten für mich eine alltägliche Sache. Immer wieder gab es Spinnen in der Wohnung, am Efeu der Hauswand kletterten schon mal Heuschrecken hoch und gelangten durchs offene Fenster in meine Wohnung. Fuhr ich stundenlang auf der Autobahn, war die Front voller toter Insekten. Vieles wäre noch davon zu erzählen. All das sehe ich heute nicht mehr. Kaum Spinnen in der Wohnung, Heuschrecken oder Asseln überhaupt nicht mehr, und die toten Insekten auf der Windschutzscheibe sind extrem weniger geworden. Und richtig bemerkt habe ich den Schwund der Insekten, als mir auffiel, dass es weniger Vögel in meiner Umgebung gibt. Da liegt natürlich der Schluss nahe, dass dem so ist, weil sie weniger Nahrung finden. Das ist aber nur ein Aspekt des Vogel-Verschwindens. Bei den Insekten ist es durch Studien belegt. Es gibt immer weniger. Viele haben ein schlechtes Image und sind vor allem leicht zu erwischen. Viele Menschen demonstrieren für die Erhaltung der Landschaft. Gehen dann nach Hause und erschlagen eine Spinne, Kellerassel oder Fliege. Das aber ist alles eine Seite derselben Medaille.

Dieses Buch handelt hauptsächlich von Insekten. Es beschreibt einige von ihnen, wie sie sind, was sie tun, worin ihre Stellung im Naturkreislauf besteht. Für viele von uns sind sie unnütze, lästige, ja schädliche Tiere. Aber Insekten haben innerhalb der Natur eine wichtige Funktion. Fünfunddreißig Prozent unserer Nahrung hängt von Insektenbestäubung ab. Achtzig Prozent der Wildpflanzen werden von Insekten bestäubt. Für sechzig Prozent der Vögel dienen sie als Nahrung. Manche können tatsächlich Schaden anrichten, oft sind sie aber nur »Lästlinge«, fallen einem also lästig ohne konkret zu schaden. In unserem immer mehr verstädterten Leben ist für sie kein Platz mehr. Obwohl sie allgegenwärtig sind. Aber eben immer weniger. Deutsche, holländische und britische Forscher präsentierten nach jahrzehntelangen Untersuchungen im Oktober 2017 in dem renommierten online Journal PLOS ONE eine Studie, die zeigt, dass es ein massives Insektensterben auf der ganzen Welt gibt. Man spricht von sechsundsiebzig Prozent Rückgang bei den fliegenden Insekten, also Bienen, Wespen, Käfer, Motten und Fliegen. Die Werte wurden verglichen mit denen des Jahres 1989. Wichtig ist in diesem Zusammenhang, dass diese Werte in Schutzgebieten, dreiundsechzig an der Zahl, erhoben wurden. Also in Gebieten, in denen es den Tieren relativ gesehen besser gehen müsste als in nicht geschützten Ökosystemen. Die Frage ist nun nicht mehr, ob es ein solches Insektensterben gibt, sondern dass es darum geht, wie man dieses dramatische Problem stoppen kann. Klimawandel als Grund wird verneint, da sich wärmeres Klima in der Regel für die Entwicklung von Insekten positiv auswirkt. Relevante Beweise gibt es nicht, aber die Wahrscheinlichkeit wird als sehr hoch beschrieben, dass der intensive Einsatz von Pestiziden in der Landwirtschaft darauf einen großen Einfluss hat.

»Pestizide spielen mit Sicherheit eine ganz große Rolle. Wir können davon ausgehen, dass es besonders bei kleinen Naturschutzgebieten durch Verfrachtung über die Luft zu einer Kontamination der Fläche kommt.«
Das erklärte Jan Christian Habel vom Lehrstuhl für Terrestrische Ökologie der TU München in einem Fernseh-Interview. Ein Warnhinweis speziell für Landwirte und Agrarpolitiker, aber auch für uns alle.

»Die Intensivierung der landwirtschaftlichen Produktion, zum Beispiel mit Agrochemikalien, ist eine plausible Ursache für den dramatischen Rückgang der Insektenbiomasse«, meinte dazu Teja Tscharntke, Leiter der Abteilung Agrarökonomie der Georg-August-Universität Göttingen. *»Große Felder, nur noch wenige schmale Feldränder, kaum Hecken und Gehölze, sowie nur noch vereinzelte Brachen und kaum mageres Grünland führen dazu, dass außerhalb der Schutzgebiete kaum noch Nahrungs- und Nistressourcen zur Verfügung stehen.«*

Wir wissen seit langem, wie wichtig ein ökologisches Gleichgewicht ist. Fällt eine Art aus, wirkt sich das auf das Gesamtsystem aus. Fallen die Insekten aus, fällt die Bestäubung aus. Viele Pflanzen bilden dann keinen Samen mehr und sterben aus. Und damit haben auch die Körnerfresser bei den Vögeln Probleme. Und es ist nicht übertrieben zu sagen, sterben die Insekten aus, stirbt der Mensch aus! Sie sind diejenigen, *»die am Hebel der Welt sitzen«,* sagt der amerikanische Wissenschaftsjournalist David MacNeal von den Insekten. Sie ernähren uns, räumen den Dreck weg. *»Insekten führen dem Boden ... wieder Nährstoffe zu. Wenn es sie nicht gäbe, wäre die Menge an Verwesung und Fäulnis überall furchtbar«,* meint MacNeal in einem Interview mit dem Wissenschafts-Magazin *National Geographic.*

Das, was wir so allgemein und unbedacht »Ungeziefer« nennen, ist oft nicht schädlich, sondern sogar nützlich. »Ungeziefer« heißt übersetzt, die Tiere passen uns nicht in den Kram. Also weg damit. Genau so wie das »Unkraut« im Gartenbeet oder auf der Terrasse. Weg damit.

Wir wissen so vieles über Löwen, Tiger, Schlangen, Hunde, Katzen etc., aber über Insekten, die uns wirklich jeden Tag begleiten, wissen wir im Allgemeinen nichts. Das Image der meisten Insekten ist miserabel verglichen mit dem von Löwen, Elefanten oder Adlern zum Beispiel. Drum wundert es auch nicht, wenn kein Staat der Welt ein Insekt in seinem Staatswappen trägt!

Seit etwa 20 000 Jahren baut sich der Mensch Häuser. Und errichtet damit gleichzeitig ein Heim für Tiere. Nicht nur für seine »normalen« Haustiere, sondern eben auch für Haus-Tiere. Eine Unterscheidung hier Haus, dort Natur lässt sich nicht anstellen. Menschliche Behausungen sind eine Art Dschungel in Miniform! Lebewesen mit Augen und Fühlern, mit oder ohne Flügel, langsam oder schnell kriechend, krabbelnd und knabbernd sind um uns herum. Tag und Nacht! Würde man ein Haus umdrehen und kräftig schütteln, wir würden uns wundern, wie viele kleine, kleinste und viele für uns unsichtbare Tiere da herauspurzelten!

Machen wir also einen Besuch bei Familie Mustermann. Die Familie wohnt in einem Haus im ersten Stock. Drei Zimmer, Küche, Bad. Natürlich steht an der Wohnungstür das Schild mit dem Namen »Mustermann«. Was bedeutet, hier in der Wohnung leben die Mustermanns. Das ist aber nur die halbe Wahrheit. Denn in der Wohnung leben noch viel mehr Lebewesen.

Unter dem Namensschild der Mustermanns müssten noch einige andere Namens- bzw. Klingelschilder sich befinden. Zum Beispiel Schilder von »Familie-«:

- ◗ Silberfischchen
- ◗ Hausstaubmilbe
- ◗ Kellerassel

- Bücherskorpion
- Stubenfliege
- Taufliege
- Kleidermotte
- Dörrobstmotte
- Bettwanze
- Marienkäfer
- Menschenfloh
- Deutsche Schabe
- Ameisen
- Spinnentiere

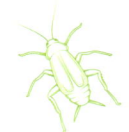

Um nur einige zu nennen! Denn die Liste müsste noch sehr viel länger sein. Entomologen, also Insektenkundler, der *North Carolina State University* haben fünfzig freistehende Häuser untersucht und dabei ein eindeutiges Ergebnis erzielt: Die Wohnung lebt! In fünfhundertundfünfzig Räumen krochen sie mit Taschenlampen, Knieschonern, Glasfläschchen und Absauggeräten herum, um alles Lebendige oder lebendig Gewesene einzusammeln. So haben sie insgesamt knapp sechshundert Arten von Insekten, Milben, Tausendfüßer, Krebs- oder Spinnentieren identifizieren können. Im Durchschnitt wurden pro Haushalt etwa einhundert verschiedene Arten eruiert. Und wie schön: die wenigsten von ihnen waren Schädlinge! Wobei der Begriff »Schädling« von Zoologen sowieso nicht verwendet wird. Er stellt eine menschliche Bewertung dar! In der Regel ist im Gegenteil der Mensch der »Schädling«, da er mit seiner von ihm konstruierten Umwelt vielen Tieren den Lebensraum nimmt.

Und dabei könnten Insekten einmal in Zukunft zur Lösung des Hungerproblems der Welt beitragen.

Noch verursacht bei uns die Vorstellung Ekel, Insekten zu essen. Aber: Grillen und Heuschrecken enthalten viel Eiweiß. Und auch viele Mineralien und die für den menschlichen Körper wichtigen, ungesättigten Fettsäuren sind in den etwa eintausendneunhundert essbaren Insektenarten enthalten. Die Weltgesundheitsorganisation WHO spricht von derzeit einhundertvierzig Ländern, in denen Käfer, Raupen und Heuschrecken im Kochtopf landen. Für viele Afrikaner und Asiaten sind Insekten-Speisen normal. Rund fünfundsechzig Prozent der Weltbevölkerung isst Insekten! Seit 2017 sind in der Schweiz als erstem Land Europas Züchtung und Verkauf von bestimmten Insekten erlaubt. In Zürich können Sie einen Insekten-Burger essen!

Auf unserem Planeten leben geschätzt eine Trillion Insekten. Und eine große Menge davon folgt dem Menschen in seine Behausungen, wo der Mensch seine Nahrung aufbewahrt. In Deutschland leben etwa dreiunddreißigtausend bekannte Insektenarten. Und da sie keine Lobby haben, werden es immer weniger. Wie schon erwähnt, wahrscheinlich übergroßer Einsatz von Pestiziden unter anderem macht Insekten das Leben nicht nur schwer, sondern teilweise auch unmöglich. Und sterben die Insekten aus, haben zum Beispiel Vögel, Fledermäuse, Igel, Spitzmäuse oder Fische weniger zu fressen. Und der Mensch? Je weniger Insekten es gibt, um so weniger will der Mensch mit ihnen leben. Weil er nicht mehr an sie gewöhnt ist. Je weniger Insekten, desto größer der Ekel, wenn welche auftauchen! Es sind eben keine putzigen Kuscheltiere, die man streicheln, mit denen man auf dem Sofa herumtollen kann. Wir haben uns schon sehr weit von der Natur entfernt, sollten in dieser Hinsicht aber gelassener werden und versuchen mit den Insekten zu leben und sie nicht gleich als »Ungeziefer« abtun! Denn es sind faszinierende Tiere, die einem viele interessante Überraschungen bieten, wenn man sich mit ihnen beschäftigt. Je mehr Wissen man über sie hat, desto mehr wächst auch die Hochachtung vor diesen Tieren, die teilweise schon seit Abermillionen Jahren existieren.

Insekten, sie sind immer und überall! Wie die amerikanischen Wissenschaftler in den fünfzig Häusern nachgewiesen haben.

Und wer hätte das erwartet: Nur fünf von den erwähnten fünfhundertundfünfzig untersuchten Räumen waren frei von den heimlichen Untermietern! Sicher lässt sich dieses Ergebnis nicht eins zu eins auf Deutschland übertragen. Eine derartige Untersuchung wurde bei uns noch nicht angestellt. Aber: Im Prinzip kann man durchaus ähnliche Werte erwarten.

Man könnte diese Aufzählung noch fast bis ins Unendliche weitertreiben, wenn wir noch die Bakterien, Viren und anderen Mikroben dazurechnen würden. Da gibt es die größte Artenvielfalt. Aber das würde dann doch zu weit führen. Nur um einen kleinen Eindruck davon zu vermitteln: Auf jede einzelne Körperzelle des Menschen kommen zehn Bewohner! In unserem Mund tummeln sich schon etwa einhundert Milliarden Bakterien!

Auf alle Fälle gilt: »Wir sind nicht alleine«! So heißt es immer, wenn es um die Frage von möglichen Außerirdischen geht. Die Behauptung stimmt demnach einhundertprozentig für unsere »innerirdischen« Behausungen. Neben der Katze von Familie Mustermann hat die Familie eben noch jede Menge heimliche

Mitbewohner. Die sie in der Regel nicht sieht. Und die sich genauso wohl fühlen in der Wohnung wie sie selbst. Zoologen übrigens nennen diese tierischen Mitbewohner unter unserem Dach Intradomalfauna, von »intra« für innen und »domus« das Haus. Und den Satz »wir sind nie alleine« können wir also noch weiter ausführen: »Wir waren nie alleine und wir werden nie alleine sein.«

Schauen wir zum Beispiel einmal genauer auf Küche, Bad und Keller. Und was fällt einem da ein? Dass da die Waschmaschine steht? Nein! Sondern dort finden wir Silberfischchen.

Sie protestieren, weil es bei Ihnen sauber zugeht? Da können Sie noch so putzen, Silberfischchen sind Lebenskünstler. Ein bisschen Feuchtigkeit, ein wenig Nahrung, das reicht. Und das schon mal vorweg, sie sind in keiner Weise schädlich! Genauso wie etwa der Bücherskorpion oder die Hausspinne. Mag man diese Mitbewohner überhaupt nicht, kann man sich trösten: einen absoluten Schutz gegen sie gibt es nicht. Ein Ratschlag: freunden Sie sich mit Spinnen an. So eine Hausspinne kann pro Jahr schon mal bis zwei Kilogramm(!) Insekten verspeisen!

Wir sollten nicht einfach beim Anblick eines dieser Lebewesen erschreckt aufschreien oder zuschlagen. Ja klar, auch ich habe mich schon über die vielen Spinnweben geärgert, habe über Motten im Kleiderschrank geflucht oder bemühe mich oft vergebens, Fliegen aus dem Fenster zu jagen. Dennoch: All diese Tierchen haben es verdient, dass wir uns wenigstens ein wenig mit ihnen beschäftigen und mehr über sie wissen. Es sind faszinierende Geschöpfe mit erstaunlichen Verhaltensweisen. Und wo findet man Informationen über diese Insekten? Natürlich, wie immer, in Büchern, Zeitschriften und allgemein im

Internet. Und dort stellt man fest, dass die meisten Seiten auf Unternehmen zur Schädlingsbekämpfung hinweisen. Und da steht dann - logisch - alles unter dem Vorzeichen der »Bekämpfung«. Wie schon gesagt, das haben sie nicht verdient, denn die wenigsten sind Schädlinge. Eher sind es Nützlinge oder im unangenehmsten Fall Lästlinge!

Machen Sie sich gefasst auf Tiere, die Sie wahrscheinlich nicht mögen. Die aber deswegen nicht uninteressant sind. Im Gegenteil! Also dann, besuchen wir als Erstes mal die »Familie« Silberfischchen.

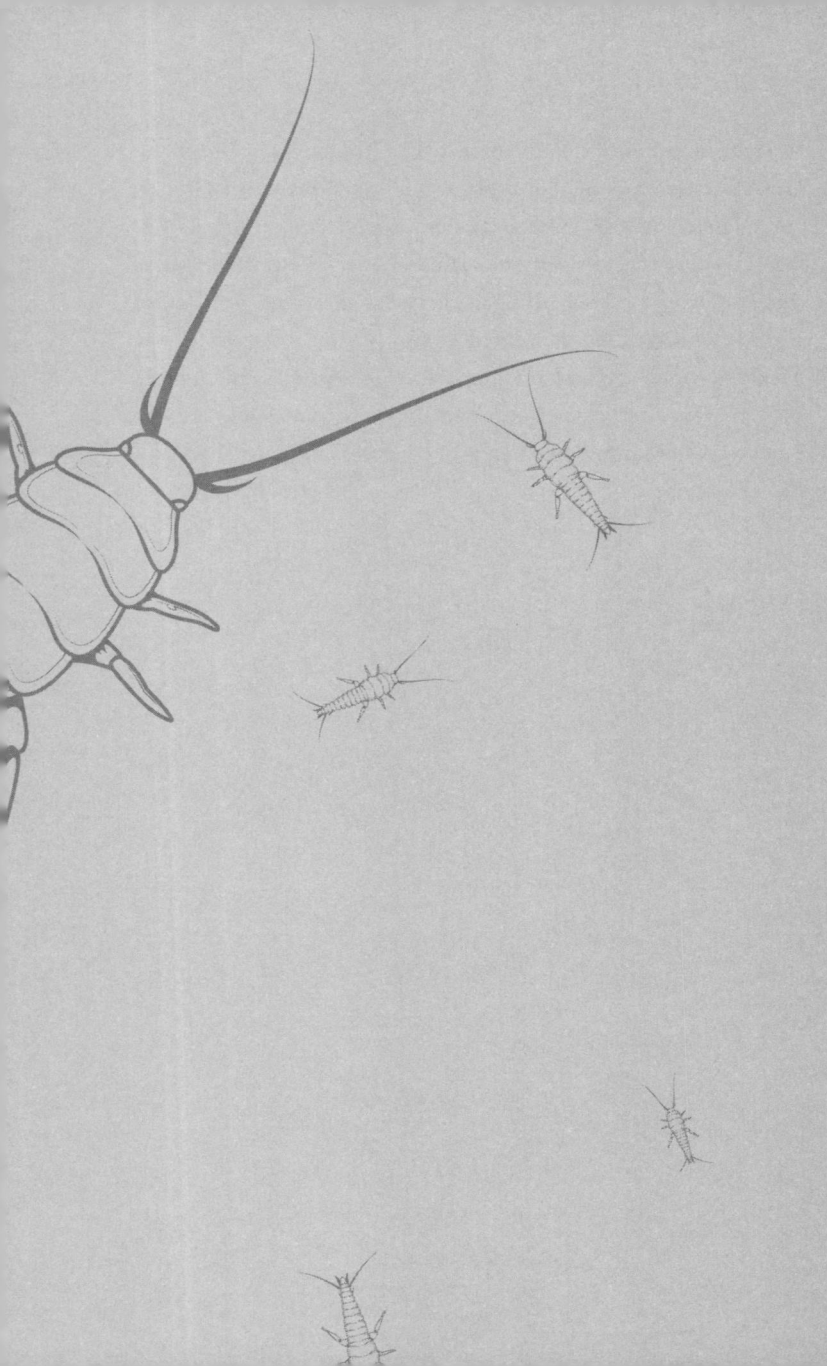

LIEBLINGSSPEISE:
LEIM – LEDER – LEINEN
DAS SILBERFISCHCHEN

STAMM | GLIEDERFÜSSER (ARTHROPODA)
KLASSE | INSEKTEN
ORDNUNG | FISCHCHEN
GATTUNG | LEPISMA
ART | SILBERFISCHCHEN (LEPISMA SACCHARINA)
GRÖSSE | CA. 1 CM

Um das mal gleich mit dem Namen zu klären: Silberfischchen heißen wirklich so. Sie gehören nicht zu den Fischen, es sind Insekten. Hier und da liest man allerdings auch den Namen *Silberfische*. Bei den Insekten gibt es die Familie Fischchen, und Silberfischchen sind eine Gattung dieser Familie.

Es sind schnelle und flügellose Insekten, die sich am liebsten an warmen Orten aufhalten. In der Regel werden sie etwa einen Zentimeter groß. Eine Ausnahme davon ist der Riesensilberfisch *Squamatinia algharbica,* den man vor einigen Jahren in Portugal entdeckte. Seine Länge beträgt bis zu drei Zentimeter.

Am wohlsten fühlen sich unsere Silberfischchen bei Temperaturen zwischen 25° und 30° mit 80-90% relativer Luftfeuchte. Die Temperatur sollte für sie nicht die 35° überschreiten. Dabei und bei zu trockener Luft sterben sie ab. Und feucht sollten die Orte sein. Sprich Badezimmer, Toiletten, Küchen, unter Kühlschränken oder in Waschküchen. Schaut man die Tierchen an, erkennt man, warum sie so heißen: sie haben einen fischförmigen Körper und glänzen außerdem silbrig. Es sind ziemlich flinke Tierchen. Wenn man zum Beispiel nachts im Badezimmer das Licht anmacht, flüchten sie sich schnell in die Dunkelheit: sie sind lichtscheu.

Die normalen Silberfischchen erkennt man außer an dem silbrigen Glanz leicht an den beiden langen Tastfühlern am Kopf und den drei fühlerähnlichen Schwanzanhängen am Hinterleib. Mit den Antennen am Kopf ertasten sie sich den Weg. Sie ersetzen sozusagen die Augen, die sie zwar besitzen, aber die nicht besonders sehstark sind. Das Silberfischchen hat einen schuppigen Panzer und sechs Beine, auf denen es sich »leicht schlängelnd« fortbewegt.

Und hätte Familie Mustermann ihr Haus schon vor dreihundert Millionen Jahren bewohnt, dann hätten sie auch damals schon Silberfischchen antreffen können. Und zwar genau mit demselben Aussehen. Damit haben sie locker die Dinosaurier überlebt. Es ist schlicht ein Erfolgsmodell der Evolution! Das Insekt hat sich über diese unglaublich lange Zeit im Erscheinungstyp nicht verändert! Und noch eine Besonderheit weist das Insekt auf: Es hat eine Lebenserwartung von bis zu acht Jahren. Das ist für ein Insekt eine erstaunlich hohe Lebensdauer.

Aber wie ist das Silberfischchen in die Wohnung gekommen? Es wurde ja nicht eingeladen. Nun, wie schon gesagt, die Insekten sind winzig klein, superflach, wie sollte man deren Eindringen verhindern? Wo winzige Fugen entstehen, wo der Putz bröckelt, da beginnt der Einzug der Silberfischchen. Und sie entdecken sofort die Plätze, wo sie sich am wohlsten fühlen. Und wo es für sie einen gedeckten Tisch gibt. Und der ist in einer menschlichen Behausung immer vorhanden.

Silberfischchen fressen so ziemlich alles, was ihnen in den Weg kommt: Tapetenleim, Papier von Büchern oder Fotos, Haare, menschliche Hautschuppen, zur Not auch Baumwolle, Kunststoff, Leinen, Leder, Mehl und - und das macht sie zu nützlichen Mitbewohnern - Hausstaubmilben, deren Kot bei manchen Menschen Allergien auslösen können. Und auch die für unsere Gesundheit gefährlichen Schimmelpilze vertilgen sie. Und Zucker mögen sie auch sehr gerne, weshalb man gelegentlich den Namen »Zuckergast« für sie verwendet.

Das Silberfischchen ist beim Fressen in einer Hinsicht sensationell. Es kann Zellulose verdauen, was nicht einmal Pflanzenfresser wie zum Beispiel Kühe oder Raupen vermögen. Pflanzliche Zellwände bestehen zum größten Teil aus Zellulose und Zuckereinheiten. Mit seinen Mundwerkzeugen schabt es an der Oberfläche der Nahrung herum und nimmt so die Zellulose auf. Normalerweise helfen Bakterien diese zu zerlegen. Diese brauchen die Silberfischchen aber nicht. Sie schaffen das mit eigenen Enzymen.

Ist das alles nicht ein Grund, Silberfischchen zu mögen? Vielleicht nicht. Aber muss man nicht staunen über diese Ur-Insekten? Man muss sie nicht lieben, man muss sie nicht streicheln, aber man kann sie einfach in Ruhe und am Leben lassen, da sie keine Krankheitsüberträger sind. Sie sind nicht schädlich! Das sind sie eigentlich nur, wenn sie in Massen auftreten, was zwar vorkommt, aber extrem selten ist.

Und schon gar nicht eignen sie sich als Mittel, um unter anderem wegen Sichtung eines (!) Silberfischchens die Bewertung eines Hotels herabzustufen. Das kann man gelegentlich in Bewertungsportalen nachlesen. Ein lächerlicher Versuch der Hotelgäste!

»Silberfischchen sind in südlichen Ländern akzeptabel.« Ein Kölner Urteil von 2005 sagt sogar, soweit es täglich zehn bis fünfzehn Silberfische im Bad gegeben habe, sei dies noch hinnehmbar und stelle keinen Reisemangel dar.« (AG Köln, Urteil vom 19.07.2005 -135 C 175/04). Bravo, Herr Richter!

Leider - der Ehrlichkeit wegen - sei auch erwähnt, dass es andere Richter gibt. Silberfischchen in der Wohnung berechtigen zur Mietminderung und stellen eine erhebliche Belästigung in einer Mietwohnung da, sagen diese. Der Mieter sei sogar gezwungen gewesen Gift zu streuen, sagte ein Gericht in Lahnstein (AG Lahnstein, Urteil vom 19.10.1987, 2 C 675/87). Das ist natürlich blühender Unsinn. Es ging hier nicht um eine Rattenplage. Es handelte sich um zehn bis fünfzehn regelmäßig auftretende Silberfischchen in der Wohnung des Klägers. Man beachte die Anzahl, die beim ersten wie beim zweiten erwähnten Urteil genannt wurde.

Und was bedeutet das alles? Wenn man sich mit Silberfischchen beschäftigt, kommt man schnurstracks zum Menschen. Darum zurück zu den Tierchen!

Es verwundert zwar, aber es kann passieren, dass man Silberfischchen auch im Bett vorfindet. Von diesen *»Silberfischchen im Bett«* singt übrigens die Pop-Gruppe *Fettes Brot*.

Im Schlafzimmer ist es meistens gut warm, nachts im Bett schwitzt der Mensch und verliert einiges an Flüssigkeit, auch durch das Atmen. Und im Bett finden sich viele Hausstaubmilben und Hautschuppen. Für die Silberfischchen ist hier das Buffet eröffnet. Ich gebe zu, Silberfischchen im Bett sind nicht so angenehm. Deswegen: die Bettwäsche bei mindestens 60° waschen, das Zimmer sehr gut lüften, die Tür offen lassen, dann reichert sich die Luft nicht so mit Feuchtigkeit an und im Winter die Heizung auf höchstens 18° stellen. Ein Hausmittel ist eine aufgeschnittene Kartoffel, in eine Tüte gelegt. Die Silberfischchen machen sich über die Stärke her. Am nächsten Morgen die Tüte zumachen und die Silberfischchen »entsorgen«, zum Beispiel in den Keller bringen. Dort können sie dann in Ruhe weiterleben und sich fortpflanzen.

Die Fortpflanzung findet erstens im Dunkeln und zweitens ohne Berührung der Partner statt! Während des Wachstums häuten sich die Silberfischchen. Haben sie dieses sechs bis sieben Mal getan, es sind dann etwa vier Monate seit dem Schlüpfen vergangen, sind sie geschlechtsreif. Das Männchen sucht sich in den vielen dunklen Spalten der Behausung ein altes Spinnennetz und legt dort sein Samenpaket ab. Dank biochemischer Reize wird das Weibchen zu dem Paket geführt. Sie gleitet unter dem Paket hindurch und nimmt so die Spermien auf und befruchtet sie. Zwanzig bis einhundert Eier legt es dann an geschützter Stelle ab. Schon zwei Wochen später schlüpfen die Larven, die abgesehen von der Größe schon das Aussehen der Elterngeneration haben.

Und die fangen dann an, ihre Umgebung zu entdecken, zu fressen und sich fortzupflanzen so wie es ihre Vorfahren seit dreihundert Millionen Jahren getan haben.

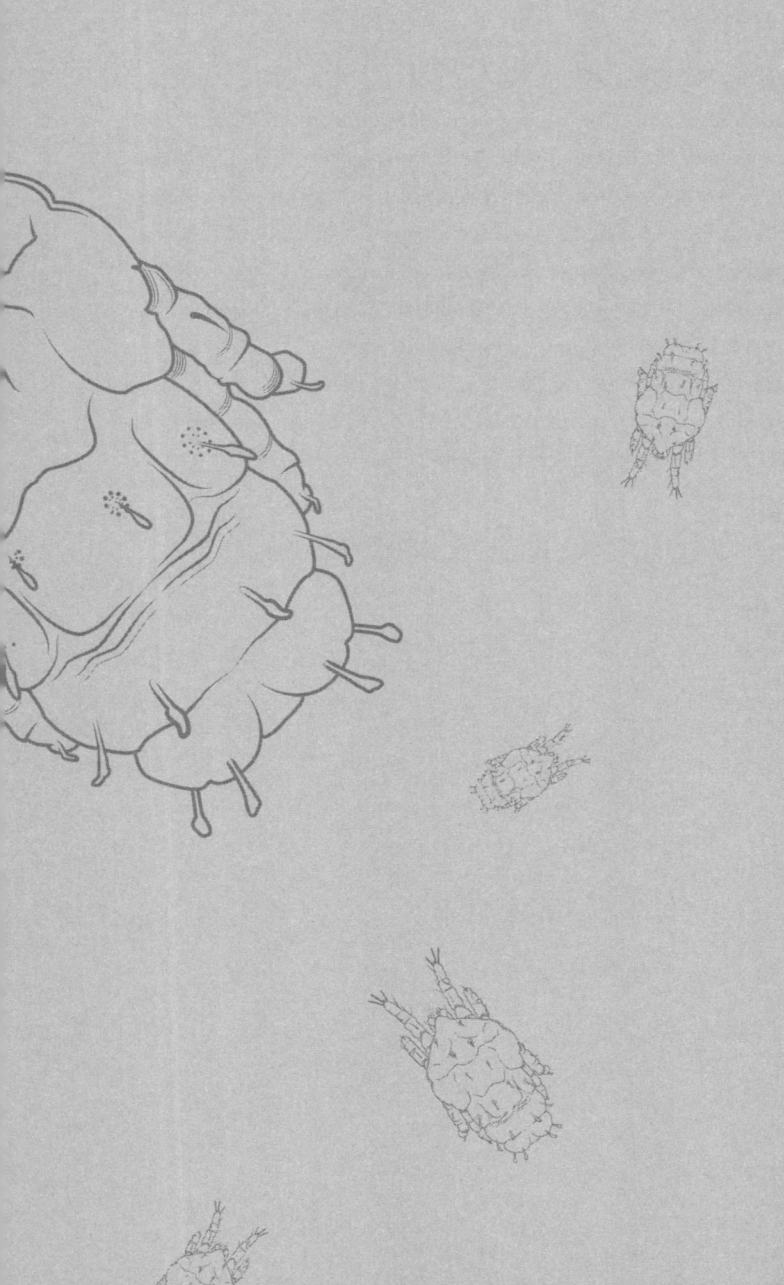

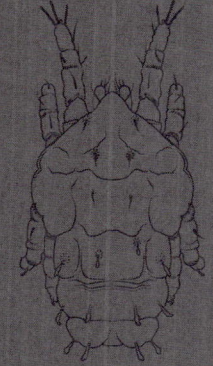

WIRKLICH WINZIGE WIEDERVERWERTER

DIE HAUSSTAUBMILBE

STAMM | GLIEDERFÜSSER (ARTHROPODA)
KLASSE | SPINNENTIERE
ORDNUNG | MILBEN
GATTUNG | LEPISMA
ART | HAUSSTAUBMILBEN (DERMATOPHAGOIDES)
VERSCHIEDENE ARTEN
GRÖSSE | 0,1 – 0,5 MM

Die Hausstaubmilbe ist ein treuer Bewohner unserer Wohnungen und Häuser. Mit den Silberfischchen haben sie etwas gemeinsam. Schon seit Millionen von Jahren leben diese Spinnentiere überall auf der Erde. Und als solche haben sie einen großen Vorteil. Diese Spinnentiere sieht man nicht! Erst bei einer einhundertfachen Vergrößerung sind sie gut zu erkennen. Aber mit bloßem Auge nicht. Das ist doch mal eine gute Nachricht! *Die* Hausstaubmilbe gibt es eigentlich nicht. Es gibt zig-Arten von ihnen. In der Regel trifft man aber meistens auf die Art der *Dermatophagoides.*

Diese Milben, die übrigens eng mit den Zecken verwandt sind, werden 0,1 bis 0,5 Millimeter groß. Wie klein diese urzeitlichen Monster sind, wird einem klar, wenn man weiß, dass ein Gramm menschliche Hautschuppen als Tages-Nahrung für etwa einhunderttausend Hausstaubmilben reicht! Wichtig für ihre Ernährung sind aber nicht nur unsere Hautschuppen, sondern auch Pilze, deren Sporen die Milben verzehren. Der Milbenforscher Dr. Franz von der Universität Paderborn hat in einem Rundfunkinterview mit dem Bayerischen Rundfunk berichtet, dass zweiundsechzigtausendfünfhundert Milben auf ein Gewicht von einem Gramm kommen. Und noch eine spannende Zahl: In nur einem Gramm Hausstaub rechnet man mit circa zehntausend Milben. Milben sind nie einsam! Wobei man mal kurz einfügen sollte, was es denn mit diesem Hausstaub auf sich hat. Für Wissenschaftler ein interessantes Objekt der Begierde. Die Pharmazeutin Luitgard Marschall beschreibt ihn in oben erwähnter Sendung so:

»Staub ist ein buntes Gemisch aus Fasern und Körnern. Die organischen Bestandteile sind besonders menschliche Hautschuppen, von denen jeder

Mensch täglich 1,5 Gramm verliert. Davon kommt die graue Farbe des Staubs. Dazu besteht Staub aus dem Abrieb von Textilien, Tapeten, Papier. Und wir finden viele lebendige Wesen, vor allem Milben wie Hausstaubmilben, aber auch kleinere Lebewesen wie Bakterien, Bazillen, Viren, Schimmelpilze und Sporen. Und dann kommen noch dazu Blütenpollen und Schwermetalle von draußen sowie Risikochemikalien aus Möbeln.«

Und Wissenschaftlern der Duke University in North Carolina zufolge gilt dieser Hausstaub wegen der Schadstoffe als ein Grund für das Wachstum unserer Fettzellen. Sprich: Hausstaub könnte Auslöser für Übergewicht sein.

Aber zurück zu den Milben in diesem Staub.

Die weißlichen Milben leben in etwa vier Monate. Das ist nicht gerade viel. Darum müssen sie schnell für Nachwuchs sorgen. Milben sind nach nur drei Wochen geschlechtsreif. Die Weibchen, die größer sind als die männlichen Tiere, beschäftigen sich während ihres Lebens hauptsächlich damit, Nahrung aufzunehmen und jeden Tag ein bis zwei Eier zu legen. Das sind dann circa dreihundert Eier während ihres Daseins. Aus ihnen schlüpfen sechsbeinige Larven, die sich durch Häutung weiter entwickeln. Erst die erwachsene, sprich adulte Form hat dann acht Beine. Das Ganze geht rasant vor sich. Nach zehn bis zwanzig Tagen gibt es eine neue Generation. Und klar, je schneller diese Generationsfolge geht, umso größer die Vermehrung! Und wie finden sich die Paare? Eine Partnervermittlung haben sie nicht nötig. Bei der Menge an Individuen um sie herum ist die Partnerfindung kein Problem. Durch Sexuallockstoffe, Pheromone, kommen sich die fortpflanzungsbereiten Tiere näher. So schnell die Generationsfolge geht, so lange kann die eigentliche Begattung dauern, nämlich bis zu achtundvierzig Stunden!

Sieht man ein stark vergrößertes Foto von Milben, kommen einem unwillkürlich Aliens aus Science-Fiction-Filmen in den Sinn. Irgendwie erinnern sie an Krabben. Und in der Tat haben sie einen Panzer und wie erwähnt acht Beine. Der Körper ist mit haarförmigen Borsten besetzt. Man findet sie wirklich überall. Im Staub, in Möbeln, auch in Büchern. Aber hauptsächlich in den Bettlaken und Matratzen. Dort finden sie am meisten Nahrung. Hautschuppen und Haare sind die bevorzugte Nahrung. Was auch den lateinischen Namen erklärt. *Dermatophagoides* heißt so viel wie »Hautfresser«. Die Hautschuppen finden sie en masse in den Betten. Pro Nacht verlieren wir bis zu einem Gramm an Schuppen. Aber nicht nur wegen der vielen Hautschuppen fühlen sich die Milben im Bett wohl. Es ist auch das Klima. Das »Bett-Klima« ist durch den Flüssigkeitsverlust des Menschen während der Nacht immer feuchtwarm. Forscher der Londoner Kingston University bestätigten das 2005. Sie fanden heraus, dass sich die Milben in gemachten, aufgeräumten Betten wohler fühlten. Eben weil durch das Aufeinanderlegen von Laken und Kopfkissen das Lieblingsklima der Milben erschaffen wird. Die Feuchtigkeit nehmen die Hausstaubmilben mit kleinen Drüsen auf, die an der Außenseite ihres Körpers liegen. Gönnt man ihnen diese Feuchtigkeit nicht, braucht man bloß morgens das Bett erst einmal nicht zu machen. So kann die Feuchtigkeit verdunsten und die Wärme entweichen. Das mögen diese Spinnentiere nicht. Sie trocknen dann aus und sterben.

Was viele von uns erfreuen würde. Genauer gesagt, Allergiker. Denn Hausstaubmilben sind keine angenehmen Hausgenossen. Kein Vergleich mit den Silberfischchen, die übrigens sogar Hausstaubmilben verzehren. Aber bei der Masse an Milben fällt das kaum ins Gewicht. Im wahren Sinne des Wortes. Die Hausstaubmilben selbst sind es aber nicht, die den Allergikern Probleme bereiten. Es ist ihr Kot und es sind ihre zerfallenden Körper, die Allergene enthalten. Wenn der Kot trocknet, zerfällt er in winzige Staubteilchen, die dann in der Luft herumschwirren. Während ihres Lebens hinterlassen die Tiere in etwa das zweihundertfache ihres Gewichts an Kot. In einem Gramm Hausstaub können bis zu zweihundertundfünfzigtausend Kotkügelchen enthalten sein. Tränende Augen, geschwollene Schleimhäute oder Asthmaanfälle könnten eine Milben-Allergie bedeuten. Noch bei einer 0,000001-prozentigen Verdünnung von Milben-Extrakten ergeben sich Hautreaktionen, schreibt der Biologe Bernhard Kegel in seinem Buch »Tiere in der Stadt«. Für die Betroffenen höchst unangenehm. Es würde hier zu weit führen, die Tipps und Mittel zu beschreiben, zu denen Allergiker greifen können. Wie schon erwähnt, vollständig lassen sich die Milben sowieso nicht eliminieren. Es sind zu viele und sie sind einfach immer und überall. Und würde das gelingen, wären ja immer noch ihre Kadaver und ihr Kot plus den Allergenen übrig. Apropos überall: Milben gibt es auf der ganzen Welt. Sowieso schon. Aber: Inzwischen weiß man, dass Milben auch mit uns um die Welt reisen. Wenn wir im Auto, in der Bahn oder im Flugzeug unterwegs sind, reisen sie mit uns mit. So gibt es einen regen genetischen Austausch über Kontinente hinweg. Sie sind nicht nur Mitbewohner, sondern auch Mitreisende!

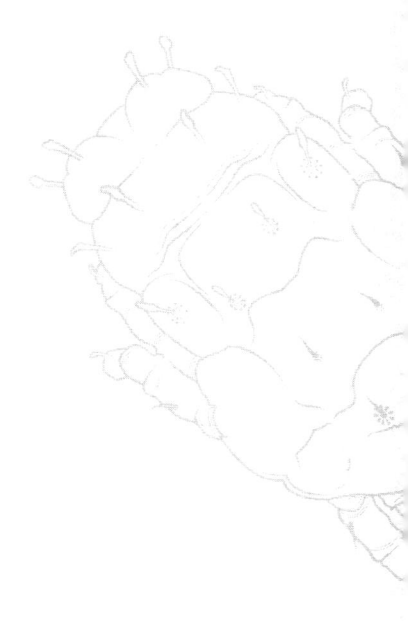

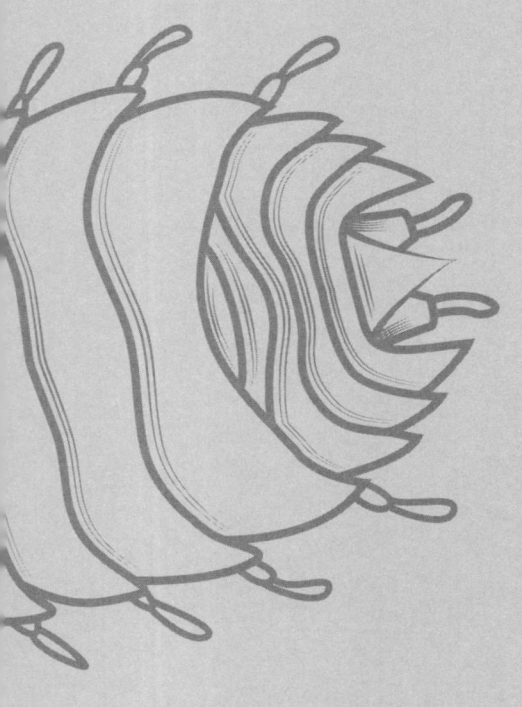
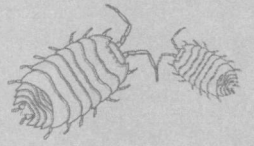

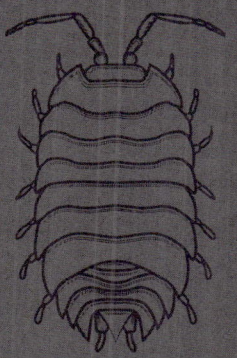

SCHEUES SCHRECKSTARREN-SCHWEINCHEN

DIE KELLERASSEL

STAMM | GLIEDERFÜSSER (ARTHROPODA)
KLASSE | KREBSE
ORDNUNG | ASSELN
GATTUNG | PORCELLIO
ART | KELLERASSEL (PORCELLIO SCABER)
GRÖSSE | 0,5–2 CM

»And the winner is … die Kellerassel!« So hieß es im Jahre 2001, als verkündet wurde, wie das wirbellose Tier des Jahres heißt. Also Applaus! Und was hat das Tierchen davon? Die kleine unscheinbare Kellerassel rückte so ein wenig aus ihrem Kellerdasein ans Licht der Öffentlichkeit. Der Titel soll auf seine Gefährdung hinweisen. Also noch einmal: Glückwunsch kleine Kellerassel! Um es gleich zu sagen, sie leben keineswegs nur in unseren Kellern. Asseln leben überall. In Laubwäldern, in Komposthaufen, auf Dachböden, in der Garage, in der Waschküche, in Beeten oder etwa in Pflanzentöpfen.

Die »räudigen Schweinchen«, das ist die Übersetzung des lateinischen Namens Porcellio scaber, sind keineswegs Insekten wie die zuvor vorgestellten Silberfischchen. Nimmt man eine Assel in die Hand und zählt die Beine, erkennt man sofort, sie hat sieben Beinpaare, also vierzehn Beine und nicht wie Insekten sechs. Asseln gehören zu den Krebsen. Wussten Sie, dass Sie Krebse im Haus haben?

In der Regel hat jeder schon einmal so eine Assel gesehen, oder sie sogar in die Hand genommen und war fasziniert, wie schnell sie sich einrollen und fast zu einer kugelrunden »Murmel« werden. Manche Kinder werden dazu verführt, sie wie eine Murmel zu behandeln. Mit dieser Schreckstarre erinnern sie an Gürteltiere, mit denen sie natürlich nicht verwandt sind, da diese ja zu den Säugetieren gehören. Aber das Schutzsystem ist das gleiche. Biologen nennen das *Konvergenz:* die Entwicklung ähnlicher Merkmale aufgrund einer ähnlichen Lebensweise von Tieren oder Pflanzen.

Und eines haben sie gemein mit den vorher genannten Tieren: es sind ebenfalls keine Schädlinge. Im Garten sind sie sogar sehr nützlich. Sie durchwühlen die oberen Bodenschichten, fressen dabei Pflanzenreste, zersetzen sie und helfen damit, den nützlichen Humus herzustellen. Um ja keinen Nährstoff zu vergeuden, fressen sie sogar ihren eigenen Kot. Auf einem Gebiet von einem Quadratmeter und etwa dreißig Zentimeter Tiefe, so schätzt man, leben zwischen fünfzig und zweihundert Exemplare.

Asseln, von denen es mehrere tausend Arten gibt, existieren auf allen Kontinenten der Welt, und auch in der Tiefsee findet man sie. Sie haben einen in Segmente aufgeteilten Körper. Es ist ein Außenskelett aus Chitin, das nach oben hin leicht gewölbt ist. Am Kopf haben die Asseln vier Fühler, zwei große und zwei kleine. Kellerasseln sind etwa zwei Zentimeter lang, von brauner bis grauer Farbe. Wie schon erwähnt rollen sie sich bei Gefahr zusammen und bleiben eine Weile bewegungslos liegen.

Vor Millionen von Jahren lebten die Vorfahren der Kellerassel im Meer. Deswegen besitzt die Kellerassel noch dünne hohle Säckchen am Hinterende, eine Art von Kiemen, mit denen sie im Wasser nicht überleben könnte, mit denen sie aber Sauerstoff aus der Luft aufnehmen kann. Die Kellerassel hat ein spezielles Wasserleitungssystem entwickelt, das die auf den Körper treffende Feuchtigkeit zu den Kiemen leitet. Die Feuchtigkeit in der Luft ist essentiell für die Kellerassel. Immerfeuchte Standorte sind für sie lebensnotwendig. Es sind eben Krebse!

Das zweite Atmungssystem der Kellerassel sind Tracheen, kleine schmale Röhrchen aus Chitin, praktisch Kanäle zur Versorgung des Tieres mit Luft. Dieses zweite Atmungssystem hat sich entwickelt aufgrund abnehmender Feuchtigkeit in der Luft. Die Kellerasseln krümmen ihren Hinterleib hoch, sodass die Luft ohne Probleme an die Hinterleibsfüße gelangen kann, wo die Tracheenlungen sich befinden. Das »Ausatmen« findet dann statt, wenn das Tier den Hinterleib wieder nach unten bewegt. Das ist schon ein besonders ausgeklügeltes System. Da schaut man doch dieses Kellerkind gleich ganz anders an!

Bleiben wir beim Keller. Macht man zum Beispiel nachts im Keller das Licht an, sieht man die Asseln so schnell wie möglich davon huschen. Aber das ist keine Flucht im normalen Sinne, sondern sie sind schlichtweg lichtscheu. Licht bedeutet für sie Trockenheit und damit Wasserverlust. Apropos nachts. Kellerasseln sind in der Regel nachtaktiv. Bzw. eben wenn es dunkel wird, das kann im Herbst und Winter auch schon am späten Nachmittag der Fall sein. Und aktiv werden, heißt für sie auf Nahrungssuche zu gehen. Und das nicht nur im Keller, sondern eben auch im Garten, aber auch in Wohnungen. Und wie kommen sie dort hinein? Kellerasseln in der Wohnung heißt in der Regel, irgendwo ist es feucht. Feuchte Wände, aber auch Futter für Hund und Katze können Asseln anziehen. Die oft auch gleich zu mehreren kommen, da es Gruppentiere sind. Und ist die Gruppe unterwegs, ist es natürlich ein Leichtes auf Sexualpartner zu treffen.

Die Kellerasselweibchen werden in der Regel im Frühjahr von den Männchen begattet. Das Weibchen bewahrt dabei die Samen in einer Samentasche auf. Diese ist mit Wasser gefüllt und befindet sich unter ihrem Bauch. Irgendwann platzt diese Tasche und dann findet in der Eileiter die Befruchtung statt. Die Weibchen häuten sich nach der Befruchtung, an den Beinen der vorderen Ringe bildet sich die Bruttasche, das Marsupium. Dort entwickeln sich dann die Eier. Nach vierzig bis fünfzig

Tagen schlüpfen zehn bis siebzig Jungtiere, die heller sind und deren Panzer auch noch nicht die Härte der Elterngeneration besitzen. Der Panzer härtet sich nach und nach durch Häutung aus. Beim Weibchen wird nach der Geburt der Jungtiere die Bruttasche zurückgebildet.

Die Lebensdauer der Asseln beträgt etwa zwei Jahre. Wenn, ja wenn nicht ihre Feinde zuschlagen. Kröten, Maulwürfe, Vögel lieben die Asseln als kalziumreiches Futter. Der gefährlichste Feind ist aber wie so oft der Mensch. Er tritt sie tot, er setzt Gift oder Klebefallen gegen sie ein. Vor vielen Jahren wurden sie sogar zu medizinischen Zwecken gezüchtet und umgebracht. In dem Buch »Naturgeschichte für Kinder« von C.Ph.Funke aus dem Jahre 1841 heißt es: *»Die Nahrung der Kellerassel besteht in allerlei Feuchtigkeiten und süßen Säften. Sonst wurde sie stark in der Medizin gebraucht.«* Was auch schon der lydische Arzt Alexander von Tralleis (525-605 n.Chr.) geschrieben hatte: Er halte nicht viel von den Mitteln, *»die damals gegen die Schwerhörigkeit empfohlen wurden, doch wenn keine andere Hilfe möglich sei, müsse der Arzt auf diese zurückgreifen, etwa auf den Saft der Kellerassel«.*

Welch ein Schlamassel für die Assel! Da war es fast schon überfällig, die Kellerassel zum Wirbellosen-Tier des Jahres 2001 zu deklarieren und so auf dieses kleine räudige Keller-Schweinchen hinzuweisen.

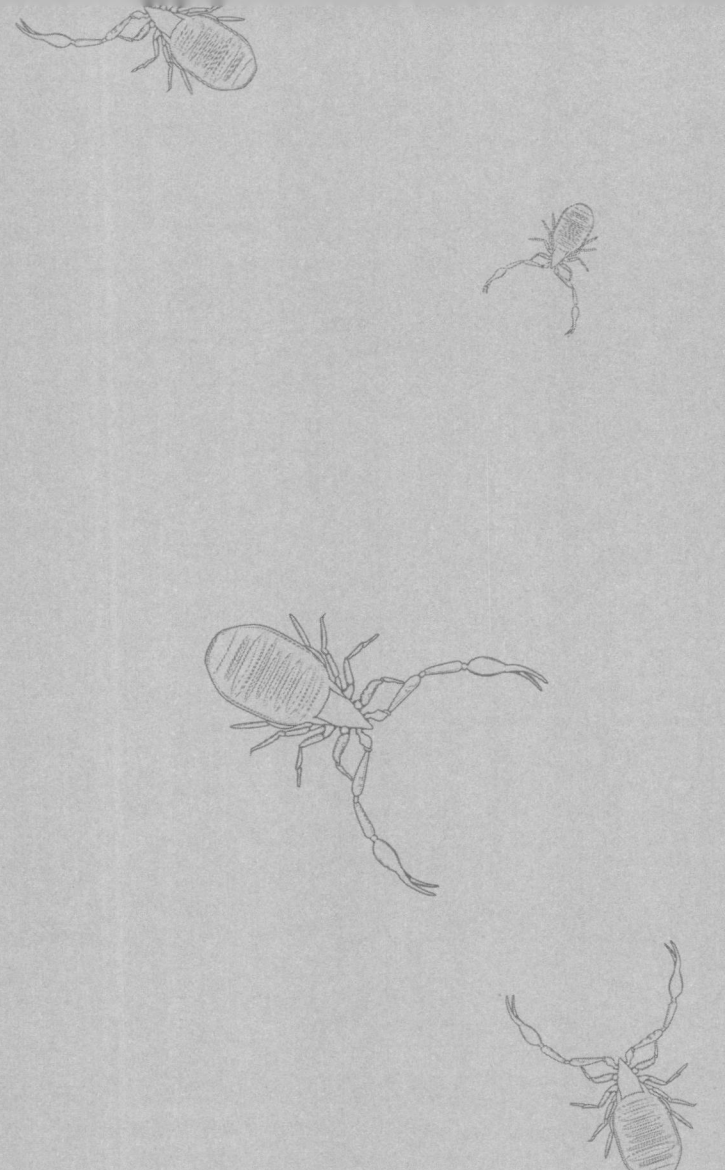

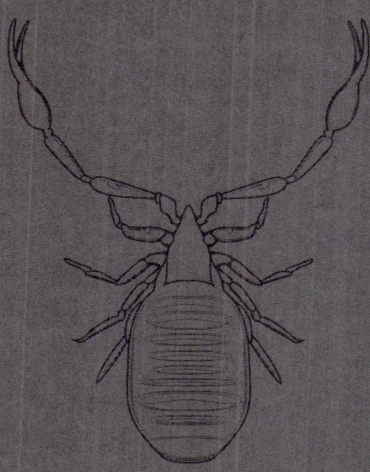

BUCHLIEBHABER
BILLIGFLIEGER
BIENENRETTER

DER BÜCHERSKORPION

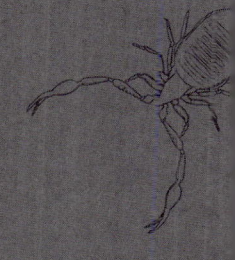

STAMM | GLIEDERFÜSSER (ARTHROPODA)
KLASSE | SPINNENTIERE (ARACHNIDA)
ORDNUNG | PSEUDOSKORPIONE (PSEUDOSCORPIONES)
GATTUNG | CHELIFER
ART | BÜCHERSKORPION (CHELIFER CANCROIDES)
GRÖSSE | 3–4 MM

Jetzt begeben wir uns in ein spezielles Zimmer, nämlich in die Bibliothek. Die heute kaum noch jemand besitzt. Aber es gibt ja auch Regale voller Bücher. Und dort findet ein reges Leben statt. Aber nicht im Inhalt der Bücher, nein, der Dschungel befindet sich ganz real in den Büchern. Denn hier finden wir, wenn wir ihn finden, den Bücherskorpion. Und er ist ein richtiger Jäger. Hier, und auch anderswo, jagt er Bücherläuse, Büchermilben, Silberfischchen oder Staubläuse. Und die gibt es nicht nur in Romanen, in Sach- oder Bilderbüchern, sondern eben in jedem Buch. Und damit ist schon gleich geklärt, dass der Name »Bücherskorpion« nicht darauf hinweist, was er frisst, sondern wo er seine Nahrung sucht. Und Bücherskorpione sind keine Skorpione, vor denen man Angst haben muss. Sie werden nur bis etwa drei bis vier Millimeter groß und gehören zu den Pseudoskorpionen. Pseudo, weil sie eben wie große, echte Skorpione aussehen, aber keine sind. Was dem Bücherskorpion im Gegensatz zu den echten Skorpionen fehlt, ist der Giftstachel. Er ist also für uns Menschen vollkommen ungefährlich. Aber: auch er besitzt ein Gift, das er bei seiner Jagd auf Nahrung einsetzt. Davon später.

Der Bücherskorpion lebt aber nicht nur in unseren Büchern (Keine Angst! Mit ziemlicher Sicherheit ist er in diesem Buch nicht zu finden. Höchstens wenn es jahrelang schon bei Ihnen herumsteht!) oder in Zeitschriften. Eigentlich heißt er so, weil er früher oft in Bibliotheken angetroffen wurde, wo er eben Nahrung sucht. Ansonsten sind sie in der Natur lichtscheue Spaltenbewohner wie zum Beispiel unter der Rinde von Bäumen, unter Steinen, in Bienenstöcken, in alten Vogelnestern, in Stallungen und Schuppen. In unseren Häusern finden sie nicht nur zwischen den Buchseiten Unterschlupf, sondern auch hinter Tapeten. Bücherskorpione sind immer und überall. Und das weltweit. Sie werden durch den Menschen »mitgenommen«. Sie sind aber auch so clever, dass sie größere Strecken überwinden können. Und wie? Sie suchen sich ein »Flugzeug«! Sie hängen sich an Beine von Fliegen und lassen sich, wohin auch immer, transportieren. Mit einem Billigflieger eben!

Wie schon erwähnt wird der Pseudoskorpion bis zu vier Millimeter groß. Seine Körperfarbe ist braun, mal heller, mal dunkler. Er besitzt einen Vorder- und einen Hinterkörper, die von oben gesehen fast wie ein einziger Körper aussehen. Auf der Rückenplatte des Hinterkörpers sind Querstreifen zu sehen, die durch eine Mittellinie geteilt werden. An der Seite haben die Bücherskorpione vier Beinpaare, also acht Beine. Der Vorderkörper endet dann in Scherenarmen, an deren Ende sich Tasthaare befinden, mit denen er kleinste Beutetiere erspüren kann. Die Scherenarme können in der Breite ausgestreckt bis zu neun Millimeter Länge aufweisen. Und sie dienen der Jagd auf Nahrung.

Hat ein Bücherskorpion eine Beute entdeckt, wird sie mit den Scheren ergriffen. Am Ende der Arme, vor den Scheren sitzt eine kleine Giftdrüse. Mit der Spitze des Scherenfingers wird das Gift in die Beute injiziert. Die betäubte Beute wird dann mit den Scherenfingern zu den Mundwerkzeugen geführt. Das Tier beißt ein Loch in die Beute und pumpt dabei Verdauungsflüssigkeit hinein. Danach wird das Beutetier einfach ausgesaugt.

Klingt unappetitlich, aber das ist eine menschliche Bewertung. Lustiger — auch das eine menschliche Bewertung — ist die Beschreibung der Fortpflanzung. Denn dabei führt das Männchen vor dem Weibchen einen regelrechten Balztanz auf. Wie man das etwa von Vogelarten kennt. Das Männchen vollführt bestimmte Schritte, in die das Weibchen einfällt, ohne dass sie sich berühren. Irgendwann setzt das Männchen ein Samenpaket ab und zieht das Weibchen mit seinen Scherenarmen darüber. Die nimmt die Samen auf, und legt in einem Brutnest bis zu dreißig Eier, die sie dann in einer Eitasche an der Unterseite ihres Körpers trägt und ernährt. Nach mehreren Wochen und nach drei Häutungen bildet der geschlüpfte Nachwuchs eine neue Generation.

Erneut wie bei den anderen vorher genannten Tieren der Hinweis: Bücherskorpione sind nicht schädlich. Höchstens lästig. Sollten sie einen stören, kann man zum Beispiel befallene Bücher reinigen und trockenlegen.

Aber Bücherskorpione sind nicht nur nicht schädlich, sondern, und das weiß man seit kurzem, extrem nützlich. Und das zeigen schon Zeitungsüberschriften zum Thema Bücherskorpion: *»Der Retter der Bienen«, »Ein Skorpion gegen das Bienensterben«, »Stoppt ein Spinnentier das Bienensterben?«*

Das weltweite Bienensterben ist ein großes Problem. *»Wenn die Biene einmal von der Erde verschwindet, hat der Mensch nur noch vier Jahre zu leben«,* soll Albert Einstein einmal gesagt haben. Man schätzt, dass durch fehlende Bestäubung der Nutzpflanzen durch Bienen der Landwirtschaft jährlich Verluste in zweistelliger Milliardenhöhe entstehen. Einer der Gründe für das Bienensterben ist die Varroa-Milbe. Diese ernährt sich von Bienenlarven und überträgt auch Viren.

Nun haben Wissenschaftler festgestellt, dass Bücherskorpione die Varroa-Milbe zum fressen gerne haben. Im wörtlichen

Sinne. Das erleichtert die Bekämpfung der Milbe ungemein, da man nicht zur chemischen Keule greifen muss, die ja auch die Bienen angreifen würde. Und so ein Bücherskorpion kann an einem Tag schon mal bis zu zehn Milben verzehren. Imker haben ausgerechnet, dass man für ein Bienenvolk mit 50 000 Bienen etwa einhundertundfünfzig Bücherskorpione bräuchte, um das Problem mit den Milben in diesem Stock zu lösen.

Na denn: Guten Appetit für den Bücherskorpion. Und für uns Honigliebhaber!

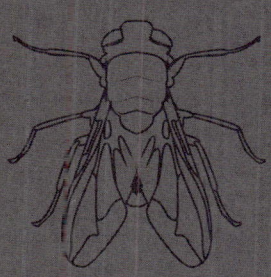

ALLGEMEINE ALLESFRESSERIN
DIE STUBENFLIEGE

STAMM | GLIEDERFÜSSER (ARTHROPODA)
KLASSE | INSEKTEN
ORDNUNG | ZWEIFLÜGLER
GATTUNG | MUSCA
ART | STUBENFLIEGE (MUSCA DOMESTICA)
GRÖSSE | 6 – 8 MM

Tut mir leid, meine Liebe, du wirst jetzt gleich hin sein.
Wir sind hier schließlich nicht bei Buddhistens.
Bei Buddhistens, das ist ein Kontinent weiter.
In Tibet, da lässt man sich so etwas bieten,
die würden dich, Fliege, die ganze Nacht
rumsummen lassen nach Herzenslust.
Bei Buddhistens ist das normal, die summen
ja selber rund um die Uhr ihre Oms,
ihre O mani padme hums, diese Priester.
Und wo andauernd irgendwo rumgesummt wird,
da fällt ein Gesumme mehr oder weniger
gar nicht groß auf. Doch wir sind hier bei Christens.
Da wird nicht gesummt. Da wird nachts geschlafen.
Daran hat sich auch eine Fliege zu halten.
Glaub bloß nicht, ich hätte was gegen euch Fliegen.
Normal tu ich keiner etwas zuleide.
Doch ich will jetzt schlafen, und du willst summen.
Ich hab die Patsche, und du bist der Brummer,
du oder ich, tut mir leid, meine Liebe:

Da! | Bsssss! | Scheiße!

So lautet Robert Gernhardts *»Kurze Rede zum vermeintlichen Ende einer Fliege«*. Und da steckt schon eine Erkenntnis drin, die wir fast alle schon gemacht haben: Eine lästige Fliege zu erledigen, gelingt meistens nicht.

Bevor wir das aber klären, hier einige Fakten des Objektes der Begierde (obwohl wir alle das ja ganz gut zu kennen meinen): Die Stubenfliege wird insgesamt etwa sechs bis acht Millimeter groß, der Körper ist grau und besitzt obenauf vier Längsstreifen, die Unterseite des Körpers ist eher gelblich, der ganze Körper ist mit Haaren bedeckt. Ein Exemplar wiegt in etwa so viel wie eine Briefmarke, vierzehn Milligramm, es hat sechs Beine und ein Flügelpaar, hintere Flügel sind zu sogenannten Schwingkölbchen verkümmert, sie stabilisieren den Flug. Die Stubenfliege hat eine Lebenserwartung von circa drei Wochen, sie ist ein Allesfresser, von Fleisch, Zucker, Säften bis hin zu Faulstoffen jeder Art. Ihre Feinde sind Vögel, Reptilien, Fische und – natürlich – der Mensch in Form von Giftspray, Hand oder Fliegenklatsche. Die Stubenfliege ist eigentlich ein Einzelgänger, lebt aber dennoch gerne gesellig, nämlich da wo es Nahrung gibt. Dort gibt es sie zuhauf.

Und man darf es nicht verschweigen, Fliegen sind treue Tiere. Wo der Mensch ist, sind sie auch. Natürlich nicht aus Anhänglichkeit, sondern wegen der Nahrungsmöglichkeiten. Dass sie »menschentreu« sind, hatte schon Ende des 19. Jahrhunderts der Zoologe Alfred Brehm hervorgehoben:

»Kein Thier – das kann wohl ohne Übertreibung behauptet werden – ist dem Menschen ohne sein Zuthun und ohne ihn selbst zu bewohnen, ein so treuer, in der Regel recht lästiger, unter Umständen unausstehlicher Begleiter, als die Stubenfliege... Wir alle kennen ihre schlimmen Eigenschaften, die Zudringlichkeit, Naschhaftigkeit und die Sucht. Alles und Jedes zu besudeln: eine Tugend wird niemand von ihr zu rühmen wissen.«

In diesem Punkte allerdings hat die Wissenschaft in der Zwischenzeit neue Erkenntnisse. So unnütz ist die Fliege nicht.

»Fliegen legen ihre Eier zum Beispiel in Kuhfladen. Die Maden zersetzen diese innert zwei Wochen. Ansonsten würden sie sehr lange lie-

gen bleiben und die Kühe hätten nichts zu fressen, da sie das Gras rund um Kuhfladen nicht anrühren«, erklärt der Schweizer Biologe Andreas Dübendorfer. Und weist noch darauf hin, dass der Mist durch die Fliegen in Humus verwandelt wird. Und: *»Jedes Lebewesen hat seine Berechtigung, daher darf man die Frage eigentlich nicht stellen, wozu Fliegen gut sind. Man könnte sonst ja auch fragen, für was der Mensch nützlich ist, der so viel zerstört.«*

Und um das noch hinzuzufügen, Fliegen sind ja auch ein Teil der Nahrungskette!

Aber noch auf einem anderen Gebiet leisten sie uns nützliche Dienste. Und das nicht nur für Wortspielereien: *Wenn hinter Fliegen Fliegen fliegen, fliegen Fliegen Fliegen nach!*

Seit einigen Jahren gibt es das Fach der Forensischen Entomologie. Das heißt, Gerichtsmediziner arbeiten mit Fliegen und deren Eiern und Larven. Fliegen besiedeln sehr schnell Leichen. Anhand von Vergleichstabellen der Entwicklungsstadien kann der Todeszeitpunkt des Opfers ziemlich genau eingegrenzt werden.

Von wegen also unnützes Ungeziefer! Aber dieses Gebiet der Wissenschaft ist noch zu jung, als dass das Image der Fliege schon aufgebessert wäre. Dazu ist sie uns einfach zu nahe am Körper. Immer als Störenfried. Wie es auch schon Wilhelm Busch wusste:

»Dem Herrn Inspektor tut's so gut,
Wenn er nach Tisch ein wenig ruht,
Da kommt die Fliege mit Gebrumm
Und surrt ihm vor dem Ohr herum.
Und aufgeschreckt aus halbem Schlummer,
schaut er verdrießlich auf den Brummer.«

Und wie lange der Mensch auf Fliegen nicht gut zu sprechen war, zeigt auch ein Zitat von Homer, der die Fliege als Sinnbild der Unverschämtheit und Schamlosigkeit anführte. *»Schamlose Fliege«,* so beschimpften sich nach ihm die hehren Göttinnen auf dem Olymp. Und da darf natürlich auch nicht unser Goethe, Johann Wolfgang von fehlen. Der schreibt in seinem Notizbuch von der Schlesischen Reise: *»Wenn ich eine Fliege totschlage, denke ich nicht und darf nicht denken, welche Organisation (ich) zerstöre.«*

Und da hat er einfach Recht. Die Fliegen, und sie gelten allgemein als die höchstentwickelten Insekten, sind ein Wunderwerk der Evolution. Und das lässt sich sehr gut zeigen anhand ihres unglaublichen Vermögens dem tödlichen »Patsch« zu entkommen. Um den Bogen zu schließen zum Anfang des Kapitels fragen wir: Wie macht sie das, uns zu entkommen?

Fliegen können sich nicht wehren. Sie haben keine Angriffsbzw. Verteidigungswaffen. Also müssen sie die Gefahr möglichst früh erkennen, um zu entkommen. Dabei helfen ihnen die mit bloßem Auge schon sichtbaren großen Facettenaugen, die aus circa viertausend einzelnen Lichtsinnesorganen bestehen. Dieses Facettenauge ermöglicht ihnen einen fast unbegrenzten Rundumblick. Zu versuchen, eine Fliege von hinten einzufangen, ist sinnlos. Sie bemerkt uns sofort. Dieses Auge ist in der Lage dreihundert Einzelbilder pro Sekunde zu unterscheiden. Zum Vergleich, beim Menschen bilden vierundzwanzig Bilder pro Sekunde einen Film. Was heißt, um einen Film für die Fliegen herzustellen, müsste er mehr als einhundert Bilder pro Sekunde aufweisen. Die Reaktionszeit, oder besser gesagt die Zeit, die eine Fliege benötigt bis zu ihrem

Abflug, dauert nur zweihundert Millisekunden! Dabei haben Wissenschaftler festgestellt, dass es sich hierbei nicht um einen automatisch ausgelösten Reflex handelt. Es ist eine »bewusste« Vorbereitung zum Abflug bei drohender Gefahr. Das erkannten die Forscher daran, dass die Fliegen nicht die Fliege machten, wenn sich Gefahr erledigt hatte bzw. nicht so bedrohlich war, wie die Fliege sie wohl vorher empfunden haben musste. Ihr Wunderwerk Gehirn von der Größe von einem Sechstel Kubikmillimeter enthält mehr als einhunderttausend Nervenzellen, und diese sind jeweils noch mehrfach mit den Nachbarzellen verbunden. Und dann kommt ihr zugute, dass sie nicht einfach davonfliegt, sondern sie springt senkrecht in die Höhe, bevor sie mit zweihundert(!) Flügelschlägen pro Sekunde abzischt. Das entspricht in etwa zwei Meter pro Sekunde. Siehe hierzu die vorletzte Zeile im Robert-Gernhardt-Gedicht!

Und wohin fliegt sie? Ans nächste Fenster, an die Wand, zum Tisch, zur Tür oder an die Decke. Und da hängt sie dann kopfüber und geht dort spazieren. Und wie macht sie das? Hat sie einen Kleber an den sechs Füßen? Zumindest ist es eine Art von Kleber. Ihre Füße besitzen Haftläppchen mit feinsten Hafthaaren. Auf diese gibt sie ein Sekret ab, mit dessen Hilfe sie auf allen glatten Flächen laufen kann. Übrigens sitzen hinter diesen Hafthaaren an den Vorderfüßen noch Geschmackshaare, mit denen sie schmecken kann. Und darum werden mehrmals pro Minute die Beinpaare aneinander gerieben, um sie so sauber zu halten. Die Fliege ist ein reinliches Tier.

Hat sie dann etwas zum Fressen gefunden, saugt sie das mit ihrem Saugrüssel auf. Ist die gefundene Nahrung zu fest dafür, wird diese durch ihren Speichel verflüssigt und dann aufgesaugt.

Und diese Nahrung findet sie, und das macht jede Fliege, aber eben auch die Stubenfliege problematisch, auf bzw. in menschlichen und tierischen Ausscheidungen wie Kot, Schweiß oder Wunden. Und auf verwesenden Tieren, die sie dann auch für die Eiablage verwendet.

Und wenn man weiß, dass sie danach oft auf offen herum stehende Lebensmittel fliegt, dann ist klar, dass die Fliege sehr leicht Krankheitserreger und Keime übertragen kann: Typhus, Cholera, Diarrhö, Tuberkulose, Kinderlähmung gehören dazu. Das muss man ernst nehmen, muss aber auf der anderen Seite nicht jede Fliege gleich als todbringendes Flugobjekt ansehen, wenn sie auf einer Salami sitzt. Was sowieso selten vorkommt. Ein Giessener Zoologe fand heraus, dass der Lieblingslandeplatz der Stubenfliege aus Weißwurst, gekochtem Ei oder Camembert besteht. Zweitliebstes Objekt der Begierde sind Schinken, Rippchen oder Fleischwurst. Wohingegen Blutwurst, Hering in Gelee oder eben Salami ganz am Ende der Liste der Anflugschneisen stehen. Der Biologe Bernhard Kegel beschreibt einen Tagesrundflug der Stubenfliege wie folgt: *»Morgens Hundekot auf der Straße, Eiablage, dann Obstschale auf dem Küchentisch, Putzlappen in der Spüle, Vogelkadaver in der Regenrinne, Eiablage, Taubenkot auf dem Gesims, Mülltonne auf dem Hof, Eiablage, Küchenfenster, Schweineschnitzel in der Küche, Nachtruhe auf der Lampe.«*

In diesem Sinne hieß es dann einmal in der Frankfurter Allgemeinen Zeitung: *»An der alten Redensart ist etwas Wahres dran: Wenn du für einen Tag einer Fliege folgst, wirst du für eine Woche nichts essen wollen.«*

Im Juni 2017 veröffentlichte eine Forschergruppe im *»Scientific Reports«* der *Nature Publishing Group* eine Studie, derzufolge

Fliegen mehr gefährliche Krankheitserreger übertragen als bis dato angenommen. Die Forscher der *Technological University Singapore* fanden in einer DNA-Analyse heraus, dass Fliegen bis zu mehrere Hundert verschiedene Bakterienarten mit sich herumtragen können. Darunter waren Erreger für Infektionskrankheiten wie Magen-Darm-Grippe, Blutvergiftung oder Lungenentzündung. In einigen Fällen - hauptsächlich bei Fliegen aus Brasilien - wurden sogar Keime gefunden, die Magenkrebs verursachen können. Die Fliegen nehmen die Bakterien an ihren Beinen, Füßen und Flügeln auf und hinterlassen sie dann auf den Oberflächen, auf denen sie landen. Das internationale Forscherteam fordert daher weltweit die Gesundheitsbehörden auf, Fliegen als Quelle für Krankheitsausbrüche mehr als bisher zu beachten.

Bei der obigen Beschreibung eines Tages hieß es ja einige Male »Eiablage«. Passiert das, hat das Weibchen schon eine Begattung hinter sich. Da kann sie von Glück reden, denn, so ein Ergebnis deutscher Forscher, bis zu einem Viertel der Fliegenpaarungen enden tödlich. Und zwar durch die Fledermaus! Sofern diese Kopulation eben im Freien stattfindet, oder in Höhlen, oder Kellern, wo eben auch Fledermäuse leben. Die Gefahr bei der Fliegen-Paarung besteht darin, dass sie dabei laut summen. Dieses Summen kann die Fledermaus orten und das war's dann mit den beiden.

Aber gut, hat das Weibchen (und das Männchen) Glück gehabt, dann erfolgt die Eiablage. Die Eier werden in sich zersetzendes organisches Material wie Pflanzenabfälle, Mist, Kot, Aas, Dung, Kompost oder Nahrungsmittel abgelegt. Das Weibchen legt in der Regel innerhalb von drei bis vier Tagen mehrere

Male einhundertundfünfzig bis vierhundert Eier ab. (Britische Forscher haben - rein hypothetisch - errechnet, dass ein Weibchen innerhalb eines Jahres genug Nachkommen hervorbringen kann, um Deutschland mit einer neun Meter dicken Schicht von Fliegen zu bedecken!)

Nach der Eiablage schlüpfen schon kurze Zeit später, zwischen zwölf und vierundzwanzig Stunden, die Maden. Diese Maden sehen aus wie ein gelblicher Schlauch, der an einem Ende dünn zuläuft. Durch Hin und Her-Krümmen können sie sich bewegen und ernähren sich von dem organischen Material, auf dem sie geschlüpft sind. Bei den Larven gibt es drei Stadien, sprich drei Häutungen, wobei am Schluss die Puppe sich entwickelt, die sich dann innerhalb von vier bis acht Tagen zur fertigen Fliege entwickelt. Und diese ist nach drei Tagen schon wieder paarungsbereit. Was verständlich ist, wenn man bedenkt, dass Fliegen ja nur eine Lebenserwartung von etwa 20 Tagen haben. Jede Art will sich fortpflanzen und erhalten. Und die Fliege ist darin seit gut zweihundert Millionen Jahren erfolgreich. In der Natur – und wie wir gehört haben auch in der Literatur – wurde sie erfolgreich dargestellt. Im Film ebenso. Berühmt wurde der Film »Die Fliege«, in dem ein Wissenschaftler in einem missglückten Experiment seine DNA mit der einer Fliege vermischt. Am Ende gibt es dann eine Fliege, die seinen Kopf trägt. Der Film basiert auf einer Geschichte des britisch-französischen Schriftstellers George Langelaan.

Und weil die Fliege nicht nur Robert Gernhardt und Wilhelm Busch zu einem Gedicht inspirierte, darf das von Joachim Ringelnatz nicht fehlen:

Meine Musca Domestica
Hoch soll sie leben!
Auch tief darf sie leben,
Meine Stubenfliege in der Winterzeit.
Alle Sauberkeit
Darf sie schwarz verkleben.

Was mag sie denken?
Was mag sie lenken,
Wenn sie scheinbar sinnlos auf dem Frühstückstisch
Zwischen Braten, Käse, Milch und Fisch
Immer unbehelligt flugwirr fl eht,
Aber plötzlich einen Tischtuchfleck beehrt,
Wo kein Mensch etwas Besonderes sieht?

Ist ein Krümelchen wohl eines Totschlags wert?

Mag sie meinetwegen
Ihre Eier legen
Wann, wohin und wieviel ihr beliebt!

Immer noch studiere
Ich am kleinsten Tiere:
Welche himmelhohen Rätsel es gibt.

Und diese Rätsel klingen auch in dem Satz des US-amerikani-
schen Lyrikers Ogden Nash an, der da sagte:

»God in His Wisdom made the fly, and then forgot to tell us why.«

FORMIDABLES FORSCHER-FORMAT
DIE TAUFLIEGE

Oktober 2017, Verkündung des Nobelpreises für Medizin. Der Preis geht an drei amerikanische Wissenschaftler, die den Mechanismus zum Tag- und Nacht-Rhythmus enträtselt und so verstanden haben, wie unsere innere Uhr funktioniert.

Und nicht zuletzt hatte die deutsche Forscherin Christiane Nüsslein-Volhard 1995 mit anderen Forschern zusammen den Nobelpreis für Medizin und Physiologie erhalten für die Klärung der genetischen Steuerungsmechanismen in der Embryonalentwicklung. Sie zeigten, wie aus einem einfachen befruchteten Ei sich ein komplexer Organismus entwickelt.

Und wie haben die Forscher das vollbracht? Mit Hilfe der Taufliege *Drosophila melanogaster* bzw. mit Hilfe von Generationen von Taufliegen. Und warum arbeiten die Wissenschaftler ausgerechnet mit dieser Taufliege? Genauer gesagt mit der schwarzbäuchigen Taufliege? Weil sie ohne Konkurrenz im Labor ist. Schon seit 1901 wird mit ihr geforscht.

Man schrieb das Jahr 1910 als der amerikanische Zoologe Thomas Hunt Morgan nach zweijährigen Kreuzungsversuchen die lineare Anordnung der Gene auf den Chromosomen entdeckte. Taufliegen haben üblicherweise rote Augen. Eines Tages fand er aber ein Exemplar mit weißen Augen vor. Kreuzungen rotäugiger Weibchen mit weißäugigen Männchen führten dann zu 50% Männchen mit weißen und 50% Weibchen mit roten Augen. Nach langen Versuchsreihen gelang es ihm das entsprechende Gen für die Augenfarbe auf dem X-Chromosom zu orten. Diese Experimente und viele weitere mit anderen Mutationsformen waren der Beginn der modernen Genetik (später fortgeführt in der Bakterien- und Viren-Genetik). 1933 erhielt der »Herr der Fliegen« den Nobelpreis für Medizin.

Taufliegen waren so enorm vorteilhaft für die Forscher, weil das Weibchen schon einen Tag nach der Begattung seine Eier ablegt. Und zwar bis zu vierhundert Stück. Nach etwa zehn Tagen schlüpfen schon die Nachkommen. Zunächst eine Larve, die sich sofort ans Fressen macht, sie häutet sich zweimal, ist dann vier Tage lang eine Puppe, aus der dann die Fliege schlüpft. Bedenkt man, dass die weiblichen Taufliegen nur etwa zwei bis acht Wochen leben (die Männchen sogar nur etwa zehn Tage), kann man verstehen, dass die Evolution im Sinne der Erhaltung der Art dafür gesorgt hat, dass das alles so schnell geht. Innerhalb eines Monats kann so die »Familie«-Taufliege mehrere hunderttausend Mitglieder aufweisen! Und das schnelle Wachstum, sowie die vielen gut erkennbaren Mutationen machen sich die Wissenschaftler zunutze und benutzen sie als Versuchstiere.

Die Gene einer Fliege (ihr Erbgut) liegen auf acht Chromosomen, der Mensch hat im Vergleich 46 Chromosomen. Dieses Fliegen-Erbgut wurde im Jahr 2000 vollständig entschlüsselt. *Drosophila* besitzt fünfzehntausend Gene, wieder zum Vergleich, der Mensch besitzt etwa vierundzwanzigtausend Gene. Man fand heraus, dass zum Beispiel die Taufliege neunzig Prozent der Gene besitzt, die beim Menschen Krebs auslösen können. Und so wurde *Drosophila* das erfolgreichste Labortier. Milliarden von ihnen leben derzeit weltweit als Versuchstiere bei den Wissenschaftlern. Und, nicht unwichtig, Untersuchungen mit und an der Taufliege gelten rechtlich gesehen nicht als Tierversuche. Die Forscher sollten nur dafür Sorge tragen, dass mutierte Fliegen nicht in die Freiheit abschwirren. Die Fliege ist also bekannt in der Welt der Forscher. Aber auch bekannt bei unsereins. Vielleicht kennen Sie sie unter dem Namen Obst-, Frucht-, Gär-, Most-, oder Essigfliege! Allgemein hat man sich inzwischen auf den Namen »Taufliege« geeinigt. Der Name ist vom Fliegen-Verhalten her bestimmt. Sie fliegen in der Natur hauptsächlich morgens und abends, also wenn sich Tau niedergeschlagen hat. Der Naturwissenschaftler Kurt Floericke nennt sie Essigfliege und schrieb 1917 in seinem Buch *»Plagegeister«* über sie: *»Hier sei noch kurz die durch ihre weiche Körperbeschaffenheit ausgezeichnete kleine Essigfliege erwähnt, die wissenschaftlich den poetischen Namen Drosophila = Taufreundin führt, ihn aber recht wenig verdient, da sie sich um Tau durchaus nicht kümmert, um so mehr aber eine ausgesprochene Neigung für faulende Pflaumen u. dgl. bekundet.«*

Doch soll sie zunächst einmal richtig vorgestellt werden. Die Taufliege, etwa fünfzig Arten gibt es von ihnen in Deutschland, wird zwei bis drei Millimeter lang, etwas kleiner als ein Traubenkern. Sie hat rote Augen, einen gelbbraunen Körper, durchsichtige Flügel und wenn man will, kann man mit oder ohne Lupe Männchen und Weibchen unterscheiden. Das Weibchen hat auf dem Körper mehr Ringe als das Männchen und läuft spitz aus. Der Körper des Männchens ist hinten rund und endet in dunkleren Ringen.

Als sogenannte »Kulturfolger« folgen sie dem Menschen, eben dahin, wo es für sie interessante Stoffe gibt. Und das sind faulende Früchte, Säfte, Getränkereste in offenen Flaschen oder andere Küchenabfälle. Und da werden dann die Eier abgelegt.

Einmal eine Obstschale in der Küche hingestellt, und schon fliegen etliche Exemplare am nächsten Tag um sie herum. Natürlich stören sie uns Menschen, wenn sie die Obstschale umfliegen.

Man muss aber sagen, dass sie uns nichts tun und, soweit man bisher weiß, absolut unschädlich sind. Das heißt, weder stechen noch beißen sie uns. Aber dennoch. Wie wird man sie los? Nach eigener Erfahrung ist es am einfachsten, die Obstschale in den Kühlschrank zu stellen und weg sind sie. Ratschläge mit Fliegenfallen aus Spülmittel oder Sekt oder Essig funktionieren nicht immer.

Eine Frage wird oft gestellt: Wie kommen sie denn in die Wohnung? Ganz einfach, die Eier sind schon auf dem Obst vorhanden. Natürlich können sie auch ganz normal durch die Fenster hereinkommen, aber in der Regel gelangen sie wie eben gesagt auf dem Obst als Eier zu uns. Jeder von uns kann davon ausgehen, dass er schon einmal Obst mit dem Ei oder der Larve einer Taufliege gegessen hat. Passiert aber nichts!

Und so kann man das vermeiden: einfach das gekaufte Obst waschen, dann werden auch die Eier vernichtet. Sie verursachen auch keinerlei Schäden, wenn man das Obst ungewaschen isst. Kein Problem.

Also: Obst gewaschen oder ungewaschen in den Kühlschrank und gärendes Obst und Gemüse vermeiden. Man kann auch zum Obst eine aufgeschnittene Zwiebel legen, den Geruch mögen sie nicht. Aber: bald die Zwiebel auswechseln. Fault sie, wird das ein Taufliegen-Paradies. Und nicht vergessen, den Müll entsorgen, dann hat man keine Probleme mit der rotäugigen Drosophila als heimlichem Haustier.

Und dann ergeben sich auch keine Medien-Schlagzeilen mehr wie diese: »Igitt, Fruchtfliegen!«, »Angriff der Fruchtfliegen«, »Küchenhorror Fruchtfliegen«, »Fruchtfliegen-Plage«, »Schädlinge: Fruchtfliege bekämpfen«

Klingt vollkommen überzogen. Deswegen hier noch in Schlagzeilen-Form eine kleine Auswahl von Untersuchungs-Fakten in Sachen Taufliege:

- Taufliegen betrinken sich und werden nach Entzug auch rückfällig
- Taufliegen besitzen ein Gen, das sie alkoholresistent macht
- Taufliegen bleiben wach, wenn sie Hunger haben, und das ohne Nebenwirkungen wie Abgeschlagenheit und Lerndefizite
- Unerfülltes Sexleben verkürzt ihre Lebenszeit
- Taufliegen erkennen am Geruch, ob die Nahrung verdorben und ungenießbar ist
- Männliche Taufliegen markieren nach erfolgter Begattung die Weibchen, die dann für andere Männchen nicht mehr attraktiv sind
- Die Taufliege dient als Vorbild, um kleine fliegende Roboter zu entwickeln

Das ist nur eine winzig kleine Auswahl der Untersuchungen und ihrer Ergebnisse mit Taufliegen. Man sollte der Fliege auch einmal einen Nobelpreis verleihen. Mindestens aber den Doktortitel: *Dr. h.c. Drosophila melanogaster!*

Manche Forscher – das ist nichts Besonderes – sind auch Fußballanhänger. Sie benutzten die Taufliege als Orakel. So wie man seinerzeit bei der Fußball-WM der Männer den Kraken Paul hat die Ergebnisse vorhersagen lassen, so versuchte man das am Rudolf-Virchow-Zentrum in Würzburg bei der Frauen-WM 2011. Neben dem Ergebnis sollten die Fliegen auch die Toranzahl vorhersagen. Immerhin lagen die Tiere beim ersten Spiel der deutschen Frauen richtig, auch wenn die Toranzahl falsch angekündigt wurde. Die Wissenschaftler bauten ein digitales Spielfeld, darauf ein künstlicher Ball. Die Landesflaggen wurden rechts und links eingeblendet. Die Fliege erzeugte durch Anflug eine Drehung des Balles, die von einem Computer in Echtzeit in die beabsichtigte Richtung umgerechnet wurde. Treibt die Fliege so den Ball in eines der beiden Tore, wird das als Tor gerechnet.

Wie überall, auch für die Taufliege gilt: Vorhersagen sind immer schwierig, besonders wenn sie die Zukunft betreffen!

Und übrigens: viele Generationen von Schülerinnen und Schülern der Mittel- bis zur Oberstufe hin mussten Kreuzungen von Drosophila mit verschiedenen Mutationen durchführen (allerdings hauptsächlich auf dem Papier). Thomas Hunt Morgan hätte sich darüber gefreut!

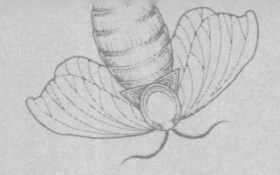

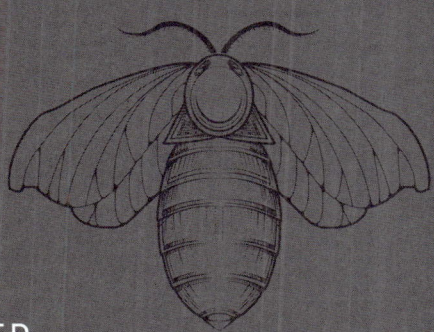

SCHMUCKLOSER
SCHRANK-SCHMETTERLING

DIE KLEIDERMOTTE

STAMM | GLIEDERFÜSSER (ARTHROPODA)
KLASSE | INSEKTEN
ORDNUNG | SCHMETTERLINGE
GATTUNG | TINEOLA
ART | KLEIDERMOTTE (TINEOLA BISSELLIELLA)
GRÖSSE | 6 – 9 MM

Sollte es mal passieren, dass beim Öffnen des Kleiderschrankes eine Motte herausfliegt, brauchen Sie nicht gleich hinterher zu stürzen. Es ist mit ziemlicher Sicherheit ein Männchen. Und die sind überhaupt nicht maßgeblich. Außer dass sie natürlich die Weibchen begatten und unsereinem zeigen: Achtung Motten! Aber für den Moment wäre es wichtiger, sich den Kleiderschrank näher anzuschauen. Irgendwo da drin wird es sich ein Weibchen gemütlich gemacht haben. Und »gemütlich« heißt für die weibliche Kleidermotte, dass sie für ihre Eiablage dunkle und ruhige Spalten und Schlupfwinkel gefunden hat. Tierische Fasern wie Wolle oder Kaschmir mögen nicht nur viele Menschen, sondern eben auch die Kleidermotten. Kunstfasern sind vor ihnen aber sicher. Ansonsten lieben sie Felle, Filz, Loden, ob in Kleidern, Polstermöbeln oder Teppichen. Und möglichst in dunklen, trockenen und warmen Räumen sollte die Eiablage stattfinden. Also nicht nur im Schrank, sondern auch auf dem Dachboden oder im Keller. Ja, sogar in Staubsaugern findet man sie, wenn sich dort Tierhaare befinden. Besonders gerne machen sie sich auch über ungewaschene Kleidung mit Schweiß-, Harn- und Schmutzrückständen her.

Aber sie sind auch draußen in der Natur zu finden. Dort leben sie zum Beispiel in Vogelnestern von Tauben, Kleibern oder Meisen. Kleidermotten kommen ursprünglich aus Afrika und haben sich auf der ganzen Welt verbreitet. Wie die Taufliege – und natürlich viele andere Tiere – sind sie Kulturfolger. Der Mensch und seine Behausungen bieten ihnen günstige Bedingungen für ihr Dasein.

Sie werden sechs bis neun Millimeter groß, sie sind gleichmäßig hellgelb bis dunkelbraun gefärbt. Ihre Flügel sind dachartig über dem Rücken gefaltet. Die vordere Flügelhälfte ist glänzend und bewimpert. Wer sie aber nicht so genau und in Ruhe anschauen kann, merkt schon an ihrem Verhalten, dass es eine Kleidermotte ist: Sie flieht das Licht! Andere Falter werden ja vom Licht angezogen. Die Kleidermotte sucht das Dunkel. Und sie fliegt nicht sehr gradlinig, sondern flattert eher taumelnd herum. Das tut sie als Falter aber nur etwa zwei Wochen lang, dann stirbt sie. Übrigens nimmt sie in dieser Zeit keine Nahrung auf. Ihre Mundwerkzeuge sind nach dem Schlüpfen verkümmert.

Das Weibchen legt bis zu dreihundert weiße Eier ab, die etwa 0,5 Millimeter lang und deswegen natürlich im Gewebe kaum festzustellen sind. Nach etwa zwei bis drei Wochen schlüpfen aus ihnen ein Millimeter lange Raupen. Winzige gelb-weiße Raupen mit vorne drei Beinpaaren und hinten weiteren vier »unechten« Beinpaaren. Am Unterkiefer besitzen sie eine Spinndrüse, mit denen sie ihre Kokons bilden. Es sind eben Raupen, da die Motte ja zu den Schmetterlingen gehört! Und diese Larven sind die Schädlinge, die wir nicht mögen. Wir schreiben die Löcher in der Kleidung immer den ausgewachsenen Motten zu. Es sind aber ihre Larven, die diese verursachen. Wolle, Pelze oder Felle enthalten Keratin, den Hauptbestandteil von Säugetierhaaren, Finger- oder Zehennägeln oder etwa Federn. Von diesen keratinhaltigen Produkten ernähren sich die Raupen. Mit ihren kräftigen Mundwerkzeugen fressen sie sich richtig rein in die Materialien. Wo immer sich die Raupe befindet, in Wolle, Fellen, Haaren oder Federn, aus diesen Materialien baut sie sich einen beidseitig offenen Kokon für die Verpuppung. Während der Verpuppung häuten sich die Raupen bis zu sechs Mal, was jedes Mal mit Wachstum verbunden ist und weben eine neue Gespinströhre. Es dauert dann, abhängig von Temperatur und Feuchtigkeit, einige Monate bis der ausgewachsene Schmetterling, eben die Kleidermotte sich entwickelt hat.

Am Schluss der Motten-Vorstellung sei noch eine Ehrenrettung gewagt: nicht alle Löcher, die wir in unserer Kleidung finden, stammen von Kleidermotten! Es gibt ja auch genügend andere Möglichkeiten sich mehr oder wenig große Löcher in den Textilien einzufangen.

Natürlich, das muss man zugeben, ist es nicht angenehm, wenn die Motten in den Textlien hausen. Und klar, es gibt jede Menge giftiger Keulen (Mottenkugeln zum Beispiel) gegen sie. Aber es gibt auch sanfte Maßnahmen.

Die befallenen Kleidungsstücke aussortieren und waschen. Teppiche zur Reinigung bringen. Zur Vorbeugung kann man ätherische Öle anwenden, die Motten vertreiben. Auch ein Beutel mit Lavendelblüten hilft die Motten fernzuhalten.

Und noch eine kleine Story am Rande. Motten gibt es, wie schon erwähnt, überall in der Welt. Und es werden auch immer wieder neue Motten entdeckt. Der Biologe Vazrick Nazari entdeckte in der Insektensammlung der University of California ein bis dato unbekanntes Mottenexemplar, bei der ihm besonders der hellgelbe Haarschuppen-Schopf auffiel. Außerdem besitzt sie eine orangene Färbung im vorderen Körperbereich. Merkmale, die ihn an den amerikanischen Präsidenten erinnerten. Und so erhielt die Motte den lateinischen Namen *»Neopalpa donaldtrumpi«*!

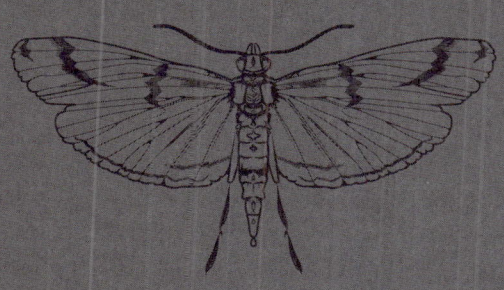

MOTTE MAG MÜSLI

DIE DÖRROBSTMOTTE

STAMM | GLIEDERFÜSSER (ARTHROPODA)
KLASSE | INSEKTEN
ORDNUNG | SCHMETTERLINGE
GATTUNG | PLODIA
ART | DÖRROBSTMOTTE (PLODIA INTERPUNCTELLA)
GRÖSSE | CA. 12 MM

Bleiben wir bei den Motten. Kommen wir zu einer, die überhaupt nichts am Hut mit Kleidung hat. Die Dörrobstmotte gehört zu den Lebensmittelmotten, die sich in den letzten Jahren stark verbreitet haben. Vor Jahren gab es auch im Vatikan eine Mottenplage. Die Dörrobstmotte hatte es sich in den Küchen und Vorratskammern des Kirchenstaates gemütlich gemacht.

Um beim Namen zu bleiben, nicht die Dörrobstmotte ernährt sich von Trockenobst, sondern ihre Raupe. Und natürlich finden diese noch andere Nahrungsmittel interessant: Getreide und Getreideprodukte, Kakao, Schokolade, Studentenfutter, Mandeln, Nüsse, Pistazien, Kichererbsen, Gemüse, Gewürze, Heilkräuter, Hefe, Trockenmilch, Sonnenblumenkerne, Soja, Bienenwaben, Herbarien und Insektensammlungen sowie Körnerfutter für Vögel, Hamster und Meerschweinchen. Aufgrund dieser vielfältigen Raupen-Nahrung trägt sie auch Namen wie: Kupferrote Dörrobstmotte, Kakaomotte, Hausmotte oder Vorratsmotte. Und in welchem Restaurant finden die Raupen ihre Nahrungsmittel? Im Restaurant »Zur gepflegten Wohnung«, im Wirtshaus »Zum goldenen Lager« oder im Gasthof »Zum Speicher« oder in Geschäften. Und natürlich auch im Freien trifft man sie an.

Wegen ihrer großen Anpassungsfähigkeit und ihrer Nahrungstoleranz ist sie weltweit verbreitet und ist so die in Privathaushalten am häufigsten vorkommende Lebensmittelmotte.

Sie ist relativ einfach zu identifizieren. Sie ist etwa zwölf Millimeter groß. Ihre Brust und ihr Kopf haben eine rötliche Färbung. In der Mitte der Flügel sind sie silbrig weiß. Das ergibt den Eindruck eines dunkleren Flügels mit einem hellen Fleck in der Mitte.

Nach der Paarung legt das Weibchen bis zu vierhundert Eier, aus denen bei günstigen Temperaturen schon nach drei bis vier Tagen die Raupen schlüpfen. Vorzugsweise werden die Eier genau dahin abgelegt, wo dann die geschlüpften gelbweißen Larven Nahrung finden.

Sollte der Eiablageplatz aus irgendwelchen Gründen ungünstig sein für die Raupen, gehen diese aktiv auf Nahrungssuche. Bis zu vierhundert Meter können sie da schon mal zurücklegen.

Die Larven durchlaufen fünf bis sieben Stadien. Im ersten Stadium sind die Larven nur 1,5 Millimeter lang, nach dem letzten Stadium etwa fünfzehn Millimeter. Vorne besitzen sie drei kurze Beinpaare und hinten zwei Paare, die sogenannten »Nachschieber«. So kann die Raupe an glatten Oberflächen vorwärtskommen. Wegen ihrer geringen Größe anfangs kann sie durch kleinste Risse oder Löcher in Lebensmittel-Verpackungen gelangen. Wo ein Haar hineinpasst, kommt auch eine Larve hindurch.

Man hat sogar herausgefunden, dass für die Raupen ein Schraubgewinde kein Problem darstellt. Sie kriechen einfach im Gewinde aufwärts und fressen sich durch die Dichtung zur Nahrung.

Während der Nahrungsaufnahme baut die Raupe mit ausgeschiedenen Fasern und ihren Exkrementen eine Röhre. Insgesamt ergibt das ein dichtes Gespinst. Bevor sich die Raupen verpuppen, gehen sie auf Wanderung und suchen sich einen Platz in Ritzen oder Löchern. Nach circa zwei bis sechs Wochen schlüpfen die Motten, deren Lebensdauer ungefähr zwei bis drei Wochen beträgt.

Und das, was unsereins dann sieht, wenn die Dörrobstmotte Eingang in unser Haus, in unsere Wohnung gefunden hat, ist einerseits die umher schwirrende Motte und andererseits das Gespinst der Raupen im jeweiligen Nahrungsmittel. Und das ist nicht besonders angenehm anzuschauen. Und für viele eben eklig!

Aber jetzt kommt der Clou an dieser Geschichte: Sie schädigen zwar durch ihren Fraß und die Gespinströhren die Nahrungsmittel und machen sie unappetitlich - jedoch: das ist nicht gesundheitsschädlich! Der Ekelfaktor ist aber groß. Sollte man einmal merken, dass man aus Versehen ein solches Gespinst gegessen hat, so macht das gar nichts. Möchte man die Dörrobstmotte so gar nicht bei sich haben, ist Vorbeugung das beste Mittel. Kühle Lagerung und Kontrolle der Vorräte sind zwei der vielen Möglichkeiten. Außerdem mögen die Motten den Duft von ätherischen Ölen nicht.

Ferner gibt es geradezu ein perfektes natürliches Mittel gegen die Dörrobstmotte: die Schlupfwespe. Diese Wespen legen ihre Eier in das Motten-Ei. Die Wespen-Larve ernährt sich dann vom Motten-Ei, das dadurch abgetötet wird. Neue Wespen entstehen, die sich solange fortpflanzen wie Motten-Eier vorhanden sind. Danach verschwinden die Schlupfwespen. Es ist also nicht so, dass man eine Plage durch eine andere ersetzt. Diese Schlupfwespen sind so groß wie der Punkt hier auf dem i! Selbst auf unserer Haut würden wir sie nicht fühlen. Und natürlich brauchen Sie jetzt nicht in die Natur gehen und versuchen, die Schlupfwespen einzufangen. Man kann sie als Kärtchen erwerben, die mit infizierten Motteneiern versehen sind. Und natürlich helfen sie auch bei einem Befall von Kleidermotten. Fazit: Schlupfwespen sind sehr nützlich und Dörrobstmotten sind nicht schädlich!

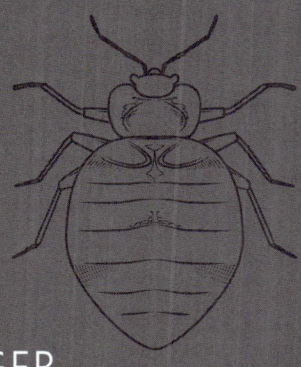

BLINDER BLUTSAUGER
DIE BETTWANZE

STAMM | GLIEDERFÜSSER (ARTHROPODA)
KLASSE | INSEKTEN
ORDNUNG | SCHNABELKERFE
GATTUNG | CIMEX
ART | BETTWANZE (CIMEX LECTULARIUS)
GRÖSSE | CA. 5 MM

Auf der Mauer, auf der Lauer
Sitzt ,ne kleine Wanze.
Auf der Mauer, auf der Lauer
Sitzt ,ne kleine Wanze.
Seht euch nur die Wanze an,
wie die Wanze tanzen kann!
Auf der Mauer, auf der Lauer
Sitzt ,ne kleine Wanze.

Viele von uns sind mit diesem Kinderlied vom Ende des 19. Jahrhunderts aufgewachsen.
In der DDR sang man dieses Lied eher mit folgendem Text:

Vor der Mauer, vor der Mauer
Sitzt ,ne große Wanze ... usw.

Als Hinweis auf die Berliner Mauer und die Stasi, die überall mithörte. Die kleinen Lauschgeräte heißen allgemein »Wanze«. Klein, immer aktiv und schwierig zu finden wie die natürlichen Vorbilder!
Viele von den Älteren sind nur mit dieser Abhör-Wanze in der Nachkriegszeit aufgewachsen. Denn man kann sagen, dass diese Zeit doch eher (natur-)wanzenfrei war. Verbesserte Hygiene und auch der Gebrauch von Insektiziden wie DDT hinderte die Wanzen an ihrer Vermehrung. Aber das Blatt hat sich inzwischen gewendet. Bettwanzen sind wieder im Vormarsch, heißt es in verschiedenen Medien.
Und »Vormarsch« kann man fast wörtlich nehmen. Durch unsere Reiselust, die uns rund um den Erdball führt, sind die

Bettwanzen erst mal blinde Passagiere und dann heimliche Haustiere geworden. Auch der allgemeine oder durchs Internet geführte Handel mit gebrauchten Kleidern oder Möbeln führt zu einer Bettwanzen-Verbreitung. Und die vielen Flohmärkte könnte man auch »Bettwanzen-Märkte« nennen. Wissenschaftler sind sich sicher, dass auch hier die Bettwanzen bei den Verkäufen als Gimmick mitgehen!

»Bettwanzen gehören inzwischen wieder zu unserem Alltag«, sagt die Biologin Dr. Arlette Vander Pan vom Umweltbundesamt in Berlin in einem Rundfunkinterview. *»Ungefähr seit Mitte der 1990er Jahre häufen sich weltweit die Berichte über Bettwanzenbefälle«.* Man findet sie in Privathaushalten, in Hotels, auf Kreuzfahrtschiffen, ja sogar auf Berghütten und - warum auch nicht - in Gefängnissen. So verklagte 2017 ein Gefängnisinsasse das Land Nordrhein-Westfalen zu Schmerzensgeld, weil die Anstaltsärztin ihn mit seinen Klagen über Bettwanzen nicht ernst genommen habe. Vor einem Prozess verglichen sich die Parteien aber, der Häftling erhielt zehntausend Euro Schmerzensgeld! (Aber keine Haftverschonung!)

Bettwanzen existieren überall auf der Welt. Und bezieht man ein Hotelzimmer, in dem sich Bettwanzen sich tummeln, dann ist die Wahrscheinlichkeit groß, dass man sie als Souvenir mitnimmt. Im Trolley verstecken sie sich in allen möglichen Ritzen, Falten oder in den Reißverschlüssen. Und wird der Koffer zu Hause ausgepackt, schwupps, beziehen sie ihr neues Eigenheim. Und Sie kriegen sie nicht mehr los. Oder nur mit Hilfe eines Kammerjägers.

Bettwanzen sind schon seit mindestens elftausend Jahren Gefährten des Menschen. Archäologen der University of Oregon fanden in den dortigen Paisley-Höhlen Überreste von Bettwanzen. Man nimmt an, dass diese zunächst in Höhlen lebten und sich vom Blut der Fledermäuse ernährten. Als dann der Mensch kam, wechselten sie den Wirt und begannen, den Menschen zu begleiten, wurden zum Humanparasiten.

Schon der griechische Dichter Aristophanes beschrieb in seiner Komödie »Die Wolken« einen Bauern, der nachts nicht schlafen konnte, weil die Stiche der Bettwanzen ihm den Schlaf raubten. Und man weiß auch, dass die Arbeiter der ägyptischen Pyramiden unter den Stichen von Bettwanzen litten. Und 1782 schrieb Johann Friedrich Blumenbach in seinem *»Handbuch der Naturgeschichte«*: *»Die Bettwanzen mögen allerdings im südlichen Europa einheimisch seyn: wenigstens reden Aristophanes und andere alte Griechen von ihnen als von bekannten Thieren. Auch sind sie lange vor dem Londoner Brand vor. 1666 in England gewesen, und nur erst nachher durch die Einführung des ausländischen Bauholzes gemeiner geworden. Von allen gegen dieses Ungeziefer vorgeschlagenen Hülfsmitteln scheint Vorsicht und Reinlichkeit das wirksamste.«*

Vorsicht und Reinlichkeit also, denn: *»Itzund wissen drei ungebetene Gäste in jedwed Haus zu dringen: der Winter, die Wanzen und die Pfaffen.«* So fasste es einst der deutsche Schriftsteller Willibald Alexis zusammen.

Aber es wird Zeit diese Tiere näher zu beschreiben: Bettwanzen werden etwa so groß wie ein Apfelkern, nämlich fünf Millimeter, haben drei Beinpaare, eine rotbraune Färbung und sind von birnenförmiger ovaler Form. Sie sind nachtaktiv und fast blind, nehmen aber unsere Körperwärme und das Kohlendioxid unseres Atems mittels spezieller Rezeptoren wahr. Britische Forscher haben herausgefunden, dass die Bettwanzen auch durch den Geruch dreckiger Wäsche angelockt werden. Ihr Körper ist dermaßen abgeplattet, dass sie auch »Tapetenflundern« genannt werden, weil eines ihrer bevorzugten Verstecke tagsüber sich hinter Tapeten befindet.

Bettwanzen ernähren sich ausschließlich von Blut! Am liebsten von Menschenblut!

Bettwanzen haben einen Stechrüssel, der, wenn er nicht benutzt wird, unter dem Kopf und der Vorderbrust eingeklappt ist. Bei Benutzung fahren sie ihn aus und saugen zehn bis fünfzehn Minuten lang. Haben sie sich vollgesogen, sind sie bis auf neun Millimeter angewachsen. Die Blutmenge, die sie aufgenommen haben, beträgt circa vier Milligramm. Damit haben sie in etwa ihr Gewicht vervierfacht. Typisch für Bettwanzenbefall ist die sogenannte »Wanzenstraße«. Bevor sie zustechen, probieren sie zunächst, wo sie am besten das Blut abzapfen können. Diese Stiche sind im Allgemeinen für den Menschen nicht spürbar und zeigen sich auf der Haut als juckende, rote Quaddeln, aufgereiht als »Straße«. Man sollte bei Juckreiz jedoch vermeiden, sich zu kratzen. Ein aufgekratzter Stich kann sich leicht entzünden.

Alfred Brehm schreibt 1864 in seinem *»Brehms Thierleben«*: *»Einzig in ihrer Art steht die übel berüchtigte Bettwanze da. Das Hässlichste an ihnen ist das hinterlistige, heimliche Blutsaugen, welches sie bis auf die Nacht verschieben, um den Schlafenden in seiner Ruhe zu stören.«*

Nach dem Stich und dem Saugen kriechen (etwa einen Meter pro Minute!) sie in ein Versteck und hinterlassen auf der Bettdecke oder wo auch immer eine Kotspur aus dunklen Pünktchen. Die Blutsaugerei ist für das Weibchen essentiell. Bevor es die ein Millimeter großen Eier ablegt, muss das Weibchen Blut aufgenommen haben. Sie legt dann in der Regel täglich drei bis fünf Eier ab, und zwar dort, wo sie sich tagsüber aufhält. Im Laufe seines Lebens kann so ein Bettwanzen-Weibchen bis zu dreihundert Eier ablegen. Die Entwicklungszeit vom Ei bis zur erwachsenen Bettwanze dauert in etwa acht Wochen, je nach Temperatur. Je wärmer es ist, umso schneller schlüpfen die Larven. Es gibt keine Puppenphase wie etwa bei den Schmetterlingen. Das heißt, geschlüpfte Larven sehen, abgesehen von der Größe, schon so aus wie die erwachsenen Wanzen.

Bettwanzen haben jeweils fünf Larvenstadien, vor jeder Häutung muss eine Blutmahlzeit erfolgen. Beim Stich übertragen die Bettwanzen ihren Speichel, der Juckreiz auslösende Stoffe enthält. Das Bundesumweltamt meint hierzu: *»Die nächtlichen Stiche mit den unterschiedlich stark ausgeprägten dermatologischen Reaktionen sowie die psychische Belastung verursachen teilweise eine starke Beeinträchtigung des Wohlbefindens und der Gesundheit der Betroffenen.«*

Und nach diesen ganzen Informationen, hier die gute Nachricht: Bettwanzen sind lästig, aber nicht gefährlich, die Stiche übertragen keine Krankheiten! Gerechterweise muss man sagen, dass die Wissenschaftler sich noch nicht ganz einig sind, ob sie Hepatitis oder HIV übertragen. Es gibt aber keine dokumentierten Fälle.

Und wie kann man es vermeiden, dass sie uns als Blut-Tankstellen benutzen und sich in unseren Räumlichkeiten breit machen? Das oben Berichtete sagt es schon aus, Bettwanzen-Befall ist kein hygienisches Problem. Um das Mitnehmen der Bettwanzen auf der Reise zu vermeiden, wird geraten, den Koffer nicht direkt neben das Bett zu stellen, fremde Betten erst auf Kotspuren oder etwa tote Exemplare untersuchen. Zugegeben:

nicht einfach. Auch bei sich zu Hause gelegentlich kontrollieren. Die Kleidung bei Befall mit 40° und viel Waschmittel waschen. Den Koffer über der Badewanne ausschütteln und wenn möglich zwei bis drei Tage in die Tiefkühltruhe stellen. Wenn sie denn groß genug ist. Im Winter den Koffer einfach bei Minustemperaturen draußen stehen lassen. Je früher ein Befall erkannt wird, desto einfacher ist die Bekämpfung.

Hat man einen Befall konstatiert, keine Insektiziden benutzen! Immer wieder wurde festgestellt, dass die Tiere gegen eine eigentlich tödliche Mischung von verschiedenen Insektizide immun geworden sind. Amerikanische Forscher haben herausgefunden, dass Bettwanzen Enzyme produzieren, die Gifte schnell abbauen und so die toxische Wirkung aufheben bzw. verringern. Also einen Profi anrufen!

Der teilweise sogar - wie in Berlin - mit speziell ausgebildeten Bettwanzenspürhunden arbeitet. Das sind Hunde, die nicht nur ein einzelnes Tier erspüren, sondern sogar auch eine Eiablage orten können. Und zwar punktgenau.

Zum Schluss noch dieses: Im *»Journal of Medical Entomology«* wurde berichtet, amerikanische Wissenschaftler hätten nach Versuchen herausgefunden, dass Bettwanzen rote und schwarze Farben für ihre Verstecke bevorzugen. Orte gelber und grüner Farbe wurden gemieden. Aber das wird noch weiter untersucht. Ob es von Vorteil wäre, gelbe oder grüne Bettwäsche oder Koffer zu benutzen, ist noch nicht sicher. Die Forscher meinen aber, dass ein gewisser Schutzeffekt möglich sei!

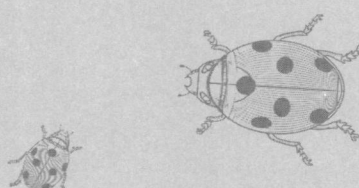

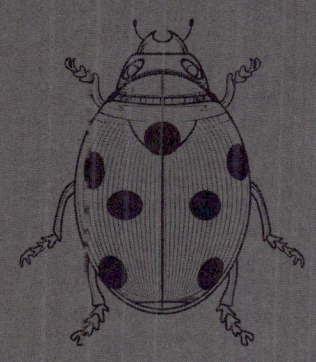

GLOBALER GLÜCKSBRINGER

DER MARIENKÄFER

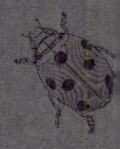

STAMM | GLIEDERFÜSSER (ARTHROPODA)
KLASSE | INSEKTEN
ORDNUNG | KÄFER
GATTUNG | COCCINELLA UND ADALIA
ART | COCCINELLA SEPTEMPUNCTATA UND ADALIA BIPUNCTATA
GRÖSSE | 1 – 12 MM

Der Marienkäfer! Nach den bisher aufgeführten Tieren ist das so etwas wie ein »Wonneproppen«! Alle mögen ihn, alle lieben es, wenn er sich auf die Hand setzt und alle finden ihn einfach nur schön. Denn nach Meinung vieler Menschen bringt er Glück, wenn er uns zufliegt und auf den Fingern der Hand herumkrabbelt. Und kaum ein Mensch kommt wie bei vielen der anderen Insekten auf die Idee ihn umzubringen.

In *»Des Knaben Wunderhorn«* von Achim von Arnim heißt es:

Marienwürmchen setze dich
Auf meine Hand,
Ich tu dir nichts zu Leide.
Es soll dir nicht zu Leid gescheh'n,
Will nur deine bunten Flügel seh'n,
Bunte Flügel meine Freunde.

Marienwürmchen fliege weg,
Dein Häuschen brennt,
Die Kinder schrei'n so sehre.
Die böse Spinne spinnt sie ein,
Marienwürmchen, flieg' hinein,
Deine Kinder schreien sehre.

Marienwürmchen, fliege hin
Zu Nachbars Kind',
Sie tun dir nichts zu Leide.
Es soll dir da kein Leid gescheh'n,
Sie wollen deine bunten Flügel seh'n,
Und grüß' sie alle beide.

Vielleicht werden sich manche fragen, was denn dieser Käfer mit den heimlichen Haustieren zu tun hat. Es ist einfach so, dass uns Marienkäfer des Öfteren in den Wohnungen oder Häusern besuchen. Einerseits finden sie hier Zimmer- oder Balkonpflanzen mit Blattläusen oder, wenn es Herbst wird, suchen sie in den vielen Ecken der Wohnungen und Häuser trockene und nicht zu kalte Überwinterungsverstecke.

Jeder hat schon Marienkäfer gesehen oder auf der Hand gehabt. Es sind in der Regel unproblematische Tiere, wenn sie auf uns landen. Ungetrübt jedes Mal die Freude von Kindern, wenn sie sie sehen und wenn sie die Punkte auf ihnen zählen. Der Marienkäfer, der ein guter Flieger ist, gilt als ein Bote des Himmels, von der Mutter Gottes gesandt. Im Volksglauben heißt es, er würde Kinder beschützen. Fliegt er auf die Hand und bleibt sitzen, wird es Regen geben. Fliegt er davon, wird die Sonne scheinen. Und sitzen sie bei Frauen auf dem Finger, zählen diese die Sekunden bis er abfliegt. So viele Sekunden, so viele Jahre bis zur Hochzeit. Einfach gesagt: Er bringt uns Glück. Im Mittelalter galten Marienkäfer bei den Bauern als ein Geschenk der heiligen Maria, woraus sich dann der Name ergibt.Im Laufe von tausenden von Jahren, die er den Menschen begleitet, hat dieser dem Marienkäfer auch unzählige Kosenamen gegeben. Im Deutschen sind ja Schimpfnamen mit Tieren sehr gebräuchlich. Sie kommen aber eher aus dem Säugetier-Bereich. Niemand käme je auf die Idee jemanden mit dem Namen *»Marienkäfer«* zu beschimpfen. Und bei seinem Anblick wird niemand Igitt kreischen. Dazu ist sein Image einfach zu positiv. Ein Image, das andere nützliche Tiere, wie zum Beispiel die Spinne, leider nicht haben! Das positive Ansehen des Marienkäfers ist auch zu sehen an den vielen

Schokoladennachbildungen und Abbildungen auf Glückwunsch-karten. Und nicht zuletzt gibt es eine große Anzahl von Kinder-gärten oder Kitas, die sich »Marienkäfer« nennen. Und Tattoos in Form eines Marienkäfers sind auch nicht selten.

Und hier noch eine kleine Auswahl der Kosenamen, die der Mensch ihm gab: *Sonnenkäfer, Sonnenkälbchen, Muttergotteskäfer, Himmelsziege, Sommervögelchen, Herrgottskühlein, Gottesschäfchen, Jesuskäferchen, Mariechenkäfer, Frauenkäfer, Himmelskäferlein, Läus-fresser, Glückskäferle, Marienwürmchen, Himmelmietzchen, Herrgott-skäfer.* Im Französischen wird er ebenso genannt: *Bête à bon Dieu* (Gottes-Tier). Die Engländer nennen ihn *ladybird beetle*, im amerikanischen Englisch *ladybird*. Die Ehefrau des ehemali-gen US-Präsidenten Johnson hatte schon seit Kindertagen den Spitznamen Lady Bird! All das verweist auf *Our Lady, Maria*. In Dänemark heißen sie *mariehøne*, auf spanisch *mariquita*.

Wirklich ein positiv besetzter Käfer. Aber klar, er sieht nett aus, ist farbig mit deutlichen Punkten. Hauptsache aber, und das hat sich mittlerweile herumgesprochen, er ist auch nütz-lich. Sehr nützlich sogar!

Doch davon später. Erst soll er einmal genauer vorgestellt wer-den. Und da fängt das Problem schon an. Von den Marien-käfern gibt es weltweit über sechstausend Arten. In Europa sind es mehr als zweihundertundfünfzig Arten und Unterar-ten. Man nimmt an, dass in Deutschland etwa siebzig Arten existieren. Der bekannteste und häufigste Marienkäfer ist der mit sieben Punkten *(Coccinella septempunctata)*. Er war das In-sekt des Jahres 2006 in Deutschland und in Österreich. Wobei man gleich sagen muss, dass die Punkte nichts über das Alter aussagen, wie oft fälschlicherweise angenommen wird. Die

Daseinsdauer eines Marienkäfers beträgt in etwa ein Jahr. Die Punkte sind ganz einfach ein Kennzeichen der Art. In früheren Zeiten sah man den mit zwei Punkten *(Adalia bipunctata)* am häufigsten. Insgesamt gibt es Marienkäfer mit 2, 4, 5, 7, 10, 11, 13, 14, 16, 17, 18, 19, 22, und 24 Punkten. Und es gibt Käfer, die keine Punkte aufweisen, bzw. deren Punkte so verwaschen sind, dass man sie nicht als einzelne erkennen kann.

Abgesehen von der verschiedenen Anzahl der Punkte haben ihre Deckflügel unterschiedliche Farben. Sie können rot, gelb, braun oder schwarz sein. Das sind auch die möglichen Farben der Punkte. Die Deckflügel sind absolut glatt. Kopf, Brust und Unterseite des Marienkäfers sind im Allgemeinen schwarz. Er besitzt drei Beinpaare, bei denen ein Bein aus je vier Gliedern besteht. Je nach Art können sie zwischen einem und zwölf Millimeter groß werden. Gut zu erkennen sind auch die Fühler, die am Ende keulenförmig verdickt sind.

Das Marienkäfer-Weibchen legt bis zu achthundert gelbliche Eier ab, und zwar vorzugsweise dort, wo viele Blattläuse leben, die Haupt- und Lieblingsnahrung. Schon nach einer Woche schlüpfen blaugrau gefleckte Larven. Sie tragen auch die möglichen Farben des fertigen Käfers mit den unterschiedlichen Punkten. Ihr Körper ist von einer Wachsschicht überzogen, die gegen Ameisen-Angriffe hilft. Die Larven beginnen sofort mit dem Fressen von Blattläusen. Nach drei Häutungen innerhalb von drei bis vier Wochen und nach dem Verzehr von bis zu zweitausend(!) Blattläusen verpuppen sich die Larven. Diese Puppen hängen unter Blättern und zwar mit dem Kopf nach unten. Schon nach zehn bis vierzehn Tagen schlüpfen weiße bis gelbliche Marienkäfer, die erst nach einigen Stunden ihre typische Färbung erhalten. Dieses Schlüpfen geschieht im Frühling. Es wundert nicht, wenn die frisch geschlüpften Käfer einen Heißhunger haben. Auch deswegen war es sehr nützlich, dass das Weibchen ihre Eier dort abgelegt hat, wo es viele Blattläuse gibt. Erstens können von ihnen die Larven leben und dann sofort die frisch geschlüpften Käfer. Und so ein Marienkäfer kann am Tag zwischen fünfzig und einhundertundfünfzig Blattläuse verzehren. Man hat errechnet, dass die Nachkommen eines einzigen Weibchens in einem Sommer bis zu einhundertdreißigtausend von den Pflanzensaftsaugern fressen. Ein wahrhaft nützlicher und unschädlicher Schädlingsbekämpfer!

Und das hatte schon im 18. Jahrhundert der schwedische Naturfoscher und Systematiker Carl von Linné erkannt. Er machte damals schon darauf aufmerksam, dass man Schild- und Blattlausplagen mit Marienkäfern bekämpfen könne. Angewandt wurde das zum Beispiel im Jahre 1899 in Zitrusplantagen Kaliforniens, die unter einer Schildlausplage litten. Mit Hilfe einer Marienkäferart konnte man die gesamte Ernte retten.

Und so wird dieser Nützling ganz gezielt als biologischer Schädlingsbekämpfer eingesetzt. Es gibt Spezialfirmen, die Marienkäfer züchten und versenden.

Das klingt alles nach einem guten und unkomplizierten Leben für den Marienkäfer. Dem ist aber nicht ganz so. Auch er hat Fressfeinde. Einerseits sind es die Ameisen, die ja die Blattläuse »beschützen«, um deren süße Ausscheidungen zu sammeln. Die Blattläuse werden von den Ameisen verteidigt, indem sie die Larven und den Käfer angreifen. Um sich zu verteidigen scheiden Marienkäfer an den »Kniegelenken« ein Sekret aus, das streng riecht und giftig ist. Das schützt auch den Käfer vor dem

Gefressenwerden durch Vögel. Dieses Sekret ist bitter, das merken sich die Vögel und so ist schon die Farbe dann eine Warnung an die Fressfeinde. Hauptsächlich sind es Eidechsen, Spitzmäuse, Frösche oder Spinnen, die Jagd auf den Marienkäfer machen.

Wie schon einmal erwähnt, war vor Jahren der Zweipunkt-Marienkäfer die bei uns am häufigsten vorkommende Art. Inzwischen ist es der Siebenpunkt-Käfer. Der Zweipunkt-Käfer ist am Aussterben. Das hat viele Forscher lange verwundert. Inzwischen weiß man, dass der Hauptschuldige daran der Asiatische Marienkäfer *(Harmonia axyridis)* ist. Er wurde seinerzeit nach Europa als weiterer Schädlingsbekämpfer eingeführt. Dieser Käfer und auch schon seine Larven werden oft von Parasiten befallen. Gegen diese hat der Asiatische Marienkäfer einen Schutzstoff gebildet hat. Diesen hat aber der hiesige Zweipunkt-Käfer nicht. Wenn er die Larven der asiatischen Art frisst, infiziert er sich und muss sterben. Woran man sieht, dass Marienkäfer auch Kannibalismus betreiben. Treten einmal Larven und erwachsene Tiere in großen Mengen auf, fressen sie sich eben gegenseitig auf.

Marienkäfer sind in der Regel Einzelgänger. Es kommt aber auch zu Massenansammlungen. Wenn im Herbst die Nächte kühler werden, suchen sie sich Verstecke im Haus, im Garten, in der Garage, in Holzstapeln. Gelegentlich gelangen sie dann auch ins Haus. In diesem Fall sollte man sich nicht scheuen und sie aussetzen. Draußen verfallen sie in eine Kältestarre und können so überleben, dies würde ihnen im warmen Gebäude nicht gelingen. Drinnen wären sie weiter aktiv, fänden aber kaum Nahrung. Draußen überwintern sie mit im Körper gespeichertem Fett und Kohlenhydraten.

Bei solch einer Massenansammlung sind dann schon mal bis zu fünfzig Exemplare auf einer Stelle. In Kalifornien entdeckte man einen Überwinterungsplatz mit geschätzten vierzig Millionen Exemplaren!

Es gibt allerdings auch Massenandrang in den wärmeren Monaten. So geschehen im Jahre 2009 an der Ostsee, als Millionen von Marienkäfern sich an den Küsten Mecklenburgs »versammelten«. Die Lösung des Rätsels war ganz einfach: es gab ein Überangebot an Nahrung, sprich Blattläusen für die Larven und Käfer.

Am Schluss dieses facettenreichen Tieres eine kleine Liste von Namen der vielen Arten mit interessanten Namen eines sympathischen, liebenswerten und nützlichen Tieres:

- Ameisen-Siebenpunkt-Marienkäfer *(Coccinella magnifica)*
- Glänzender Schlankmarienkäfer *(Coccinula rufa)*
- Nierenfleckiger Kugelmarienkäfer *(Chilocorus renipustulatus)*
- Trockenrasen-Marienkäfer *(Coccinula quatuordecimpustulata)*
- Vierzehntropfiger Marienkäfer *(Calvia quatuordecimguttata)*
- Zaunrüben-Marienkäfer *(Henosepilachna argus)*

Und jetzt, und das ist die pure Wahrheit, während ich diese Zeilen hier schreibe, setzt sich ein Marienkäfer auf mein Fensterbrett. Wir haben den warmen Spätsommer-Oktober 2017. Fünf Punkte weist er auf! Das konnte ich gerade noch sehen, bevor er wieder abfliegt. Oder schwebt, wie es Goethe ausdrückte:

»Jeder Baum, jede Hecke ist ein Strauß von Blumen
Und man möchte zum Marienkäfer werden, um in dem
Meer von Wohlgerüchen herumzuschweben.«

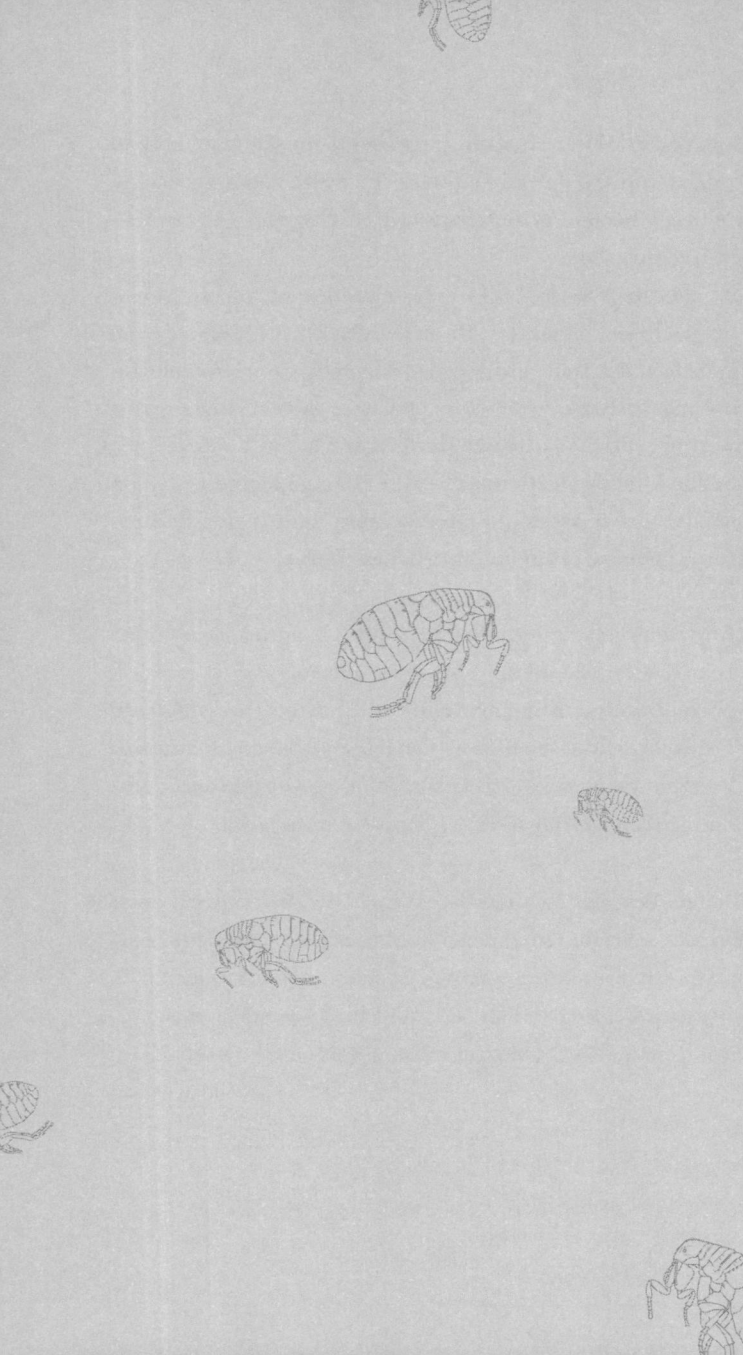

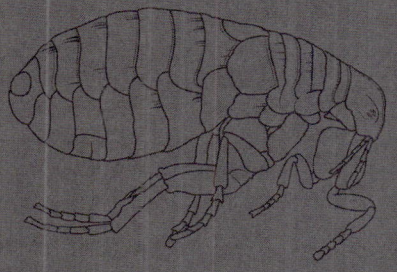

FRESSGIERIGER FRAUENMÖGER

DER MENSCHENFLOH

STAMM | GLIEDERFÜSSER (ARTHROPODA)
KLASSE | INSEKTEN
ORDNUNG | FLÖHE
GATTUNG | PULEX
ART | MENSCHENFLOH (PULEX IRRITANS)
GRÖSSE | 2–4 MM

Bei vielen der vorgestellten Tiere haben wir gesehen, dass sie auch die Dichter anregten. Was natürlich kein Wunder ist, da die Tiere ja Teil unserer Behausungen sind. Zu lesen war es unter anderem bei der Stubenfliege und dem Marienkäfer. Keines der Tiere hat es aber soweit gebracht wie der Floh. Auf ihn bezogen gibt es sogar eine Literaturgattung: die Flohliteratur! Aesop, Grimmelshausen, Goethe, E.T.A. Hoffmann, Wilhelm Busch, Tucholsky und viele andere nahmen den Floh als Protagonisten einer Erzählung. Man hielt den Floh für blitzschnell, witzig, intelligent und, ja auch das, erotisch. Erotisch?

Ein Pater Ambrosius schrieb 1620 in Brünn, dass es Jesuiten und Flöhe zu »Frauen und Jungfrauen« ziehe. Beide hätten nicht nur die Farbe schwarz gemeinsam, sondern auch die Liebe zu Frauen und ihre unsittliche Vermehrung.

In einem Mecklenburgischen Gedicht heißt es:

»Er hüpft am weißen Strumpf empor
Und kommt an des Paradieses Tor,
Was manchem Mann verborgen war,
Das liegt vor ihm so hell und klar.«

Johann Heinrich Zedler schreibt 1735 in dem von ihm verfassten *»Universal-Lexikon aller Wissenschaften und Künste, welche bißhero durch menschlichen Verstand und Witz erfunden und verbessert worden«* über den Floh:

»Floh ist ein kleines, jedermann bekanntes und beschwerliches Ungeziefer, welches zu gar nichts zu taugen und zu nutzen scheinet. Den Teutschen Namen Floh hat vielleicht dieses kleine Tierlein von seiner großen Geschwindigkeit bekommen - dass er gleichsam davon ‚flöhe‘, wenn er

bey dem Frauenzimmer genaschet und ihm gleichsam das Blut abgesto-
len, wiewohl er offt den Raub mit seinem eigenen Blute bezahlen muß.«
Dazu zwei Bemerkungen: Zedler hat Recht mit der Erklärung
der Wortbedeutung. Der Name *»Floh«* hat mit dem mittel-
hochdeutschen *vloch,* althochdeutsch *floh,* fliehen zu tun. Der
Floh ist also der Fliehende.

Und zweitens, das mit dem Frauenzimmer schrieb Zedler nicht
von ungefähr. Der Floh wurde damals auch »Frauenmöger« genannt, weil er das süße Blut und die zarte Haut der Frauen
bevorzugt. Er geht den Frauen an die Wäsche, und die Frauen
begaben sich in ihren umfangreichen Kleidern auf die Suche
nach dem Plagegeist. Was wiederum Dichter und Künstler inspirierte. So konnte man »offiziell« in pikanten und manches
Mal auch derben Erzählungen oder Bildern leicht bekleidete
Frauen präsentieren.

Kurze Zeit vor Zedler beschrieb der französische Mediziner
Nicola Lemery, dass eine Mademoiselle Cuson aus der Jacobs-
Straße in Paris immer einen Floh bei sich getragen hätte. Und
zwar in einer mit Samt ausgeschlagenen kleinen Büchse. Sie
hielt ihn als Ein-Floh-Zirkus. Der Floh war vor ein winzig kleines Geschütz gespannt, dessen Rohr so lang wie ein Fingernagel war. Gelegentlich wurde die Kanone geladen und abge-
schossen, *»ohne dass sich der Floh darüber entsetzet hätte.«*

Besagte Mademoiselle *»setzte ihn alle Tage eine halbe viertelstunde*
auf den Arm, daraus saugete der Floh etliche Tropfen Blut, ohne dass
sie dasselbe sehr empfunden.«

Man könnte noch viele Beispiele aufführen. Flöhe allüberall. Ein
anonymer englischer Autor schrieb sogar eine Autobiographie eines Flohs. Und auch - wie schon erwähnt - in der bildenden Kunst

erscheint der Floh als Modell. Viele Experten sind überzeugt, dass etwa Spitzwegs »Armer Poet« mit seiner rechten Hand gerade einen Floh zerdrückt und nicht einen Vers deklamiert.

Und der österreichische Schriftsteller Karl Heinrich Waggerl erblickte in seiner Geschichte *»Worüber das Christkind lächeln musste«* den Floh sogar in der Krippe des Christkindes. Dort hatte sich der Floh hinein geflüchtet. Wollte aber nach der Ankunft der vielen Engel schnell davon hüpfen und landete schließlich im Ohr des göttlichen Kindes:

»Vergib mir!«, flüsterte der atemlose Floh, »aber ich kann nicht anders, sie bringen mich um, wenn sie mich erwischen. Ich verschwinde gleich wieder, göttliche Gnaden, lass mich nur sehen, wie!«

Er äugte also umher und hatte auch gleich seinen Plan. »Höre zu«, sagte er, »wenn ich alle Kraft zusammennehme, und wenn du still hältst, dann könnte ich vielleicht die Glatze des Heiligen Josef erreichen, und von dort weg kriege ich das Fensterkreuz und die Tür...«

»Spring nur!«, sagte das Jesuskind unhörbar, »ich halte still!«

Und da sprang der Floh. Aber es ließ sich nicht vermeiden, dass er das Kind ein wenig kitzelte, als er sich zurechtrückte und die Beine unter den Bauch zog.

In diesem Augenblick rüttelte die Mutter Gottes ihren Gemahl aus dem Schlaf. »Ach, sieh doch!«, sagte Maria selig, »es lächelt schon!«

Doch lassen wir jetzt die Literatur erst einmal beiseite und präsentieren den Floh als das was er ist: ein Tier, das uns gelegentlich in unserem Heim heimsucht.

Der wissenschaftliche Name des Menschenflohs lautet Pulex irritans. Damit wäre schon fast alles gesagt. *»Pulex«* der Floh,

»irritans« bedeutend im übertragenen Sinne »juckend«. Eigentlich bedeutet *irritare* »reizen«. Übersetzt man aber mit »reizender Floh«, erhält das eine vollkommen falsche Bedeutung. Gemeint ist natürlich der *»juckreizende Floh«*.

Und dieser Juckreiz entsteht, wenn der Floh bei seinem Wirt den Stech- und Saugrüssel in die Haut bohrt. Der Rüssel hat zwei Kanäle. Mit dem einen Kanal wird ein Sekret eingeführt, das verhindert, dass das Blut des Wirts gerinnt. Der andere Kanal saugt das Blut ein. Und da kann so ein Menschenfloh schon einmal das dreißigfache seines Körpergewichtes aufnehmen. *»O'zapft is!«* würde man bei einem bayerischen Floh sagen. Und wenn es denn sein muss, kann ein Floh auch mal ein Jahr lang ohne Nahrung überleben.

Durch den Stich entstehen bei uns stark juckende Schwellungen. Oft liegen die Flohstiche in einer linienförmigen Dreiergruppe, sozusagen Frühstück, Mittagessen und Abendbrot. Beim Menschen hat sich ein altes Hausmittel gegen Flohbefall bewährt: Kokos-Öl. Es enthält Laurinsäure, deren Geruch Flöhe nicht mögen und die für diese sogar lebensgefährlich ist, da sie ihre Chitinpanzer wegätzt. Auch Floheier werden durch die Säure vernichtet.

Der Kampf mit dem Floh zog sich durch die Jahre und Jahrhunderte. Dennoch wurden und werden immer noch viele Kinder mit dem Kosenamen »Floh« gerufen! Weil er so klein ist?

Seit etwa einhundertundfünfzig Millionen Jahren existieren Flöhe. Wissenschaftler haben in China fossile Überreste von zwei Zentimeter großen Flöhen entdeckt. Diese hatten einen besonders großen und kräftig gezähnten Saugrüssel, mit dem sie auch schon mal die Haut eines Dinosauriers durchstechen konnten. Meinen jedenfalls einige Wissenschaftler.

Weltweit gibt es etwa zweitausendfünfhundert Arten von diesen Anzapfern. In Deutschland sind es etwa siebzig Arten. Als sogenannter *Ektoparasit,* also Parasit auf der Oberfläche des Wirts, befällt der Menschenfloh hauptsächlich, wie sein Name schon sagt, den Menschen. Seine Nebenwirte sind Säugetiere wie Haushund, Fuchs, Dachs, Hauskatze, Hausschwein, Schaf, Kaninchen, Igel, Marder. Flöhe leben aber nicht die ganze Zeit bei ihrem Wirt. Sie halten sich in der Regel in Ritzen von Möbeln, in Dielenspalten, in Betten oder Teppichen auf und springen nur zum Wirt, wenn sie hungrig sind und weil sie ihn zum Fressen gern haben.

So ein Floh wird zwischen zwei und vier Millimetern groß, besitzt einen dunkelbraunen Chitinpanzer, der in dreizehn Segmente eingeteilt ist, die kleine Borsten aufweisen. Der Kopf hat Fühler und auf jeder Seite ein Linsenauge. Der Körper des Flohs ist seitlich abgeflacht, was ihm ermöglicht sich im Fell des Wirtes, ohne den er nicht existieren kann, problemlos zu bewegen.

Ein Flohweibchen kann täglich bis zu zehn 0,5 Millimeter lange Eier legen. Daraus entstehen Larven, die innerhalb von circa einem halben Jahr vier Stadien durchlaufen und sich dann verpuppen. Eine solche Puppe kann bis zu einem Jahr in ihrem Kokon verbringen. Das hängt von äußeren Einflüssen wie der Temperatur ab. Insgesamt lebt ein ausgewachsener Floh etwa ein halbes Jahr. Eher weniger, da er zum Beispiel bei der Fellpflege von Tieren eliminiert wird.

Die Hinterbeine des Flohs sind besonders ausgebildet. Und das ist es, was man im allgemeinen vom Floh weiß: Er vermag unglaublich schnell, hoch und vor allem weit springen. Dieses

»unglaubliche« ist etwa eine Distanz von dreißig bis fünfzig Zentimeter. In etwa das einhundertfache seiner Körperlänge. Das ist schon eine Menge. Mit dieser Methode kann ein Floh schnell und einfach den Wirt wechseln.

Die Beschleunigung, die der Floh hier entwickelt, entspricht, man glaubt es kaum, dem eines Projektils aus einem Luftgewehr. Anders ausgedrückt: mit dem Zweihundertfachen der Erdbeschleunigung, »200g«. Astronauten müssen beim Start in den Weltraum eine Beschleunigung von »8g« ertragen! Aber so ein Sprung geschieht nicht mit purer Muskelkraft. Die Flöhe besitzen ein Protein, das Resilin. Das kann Energie wie eine Bogen-Sehne speichern und dann schlagartig freigeben. Bevor ein Floh springt, klappt er sozusagen seine Beine wie eine Schere ein, presst so das Resilinpolster zusammen, löst dann die Beine und das Protein lässt ihn davonschießen.

Für Wissenschaftler ist das Resilin ein äußerst interessantes Protein. Es ist eine Art Bio-Gummi, der sich als Energieträger zusammenziehen lässt und sich dann explosionsartig ausdehnen kann. Und das immer und immer wieder, ohne je auszuleiern oder spröde zu werden. Die Forscher denken bei der Erforschung etwa an Anwendungsgebiete wie Autoreifen, Dichtungen oder im Besonderen an medizinische Implantate. Wissenschaftler der »*Commonwealth Scientific and Industrial Research Organisation*« in Australien haben 2005 erstmals Resilin künstlich hergestellt. Allerdings nur in einer Mini-Menge.

Insgesamt muss man sagen, dass der Menschenfloh bei uns kaum mehr vorkommt. Staubsauger, wirksamere Hygienemaßnahmen und effiziente Reinigungsmittel sind die Gründe dafür. Es gibt wahrscheinlich mehr Hunde- und Katzenflöhe, die auch auf den Menschen überspringen können. Allgemein nimmt man an, dass der bei uns am häufigsten auftretende Floh der Katzenfloh ist.

Das sah vor hundert Jahren noch ganz anders aus. In seinem Buch *»Plagegeister«*, erschienen 1917, schrieb der Autor Dr. Kurt Floericke über den Menschenfloh: *»Gegenwärtig ist das Flohgeschlecht zu großer Blüte gediehen, denn viele Säugetier- und Vogelarten beherbergen ihre eigene Art von Flöhen ... Sobald ein Mensch in die Nähe des frisch ausgeschlüpften Flohes kommt, springt ihm dieser an die Waden und ist nun Zeit seines Lebens versorgt, falls ihm nicht ein glücklicher Druck mit dem Fingernagel ein vorzeitiges Ende bereitet.«*

Zwei Fakten bei der Vorstellung des Flohs darf man nicht vergessen. Erstens: Flöhe können Krankheiten übertragen und zwar direkt von Mensch zu Mensch. Ein Zwischenwirt wie zum Beispiel die Ratte ist nicht notwendig. Nachgewiesen wurde die Übertragung von Kinderlähmung, Fleckfieber, Schweinepest und Pest.

Letztgenannte Krankheit ist übrigens der Hintergrund für das allseits bekannte Kinderlied *»Ach, du lieber Augustin!«*. Dieser Bänkelsänger Augustin soll während der 1679 durch Flöhe übertragenen Pestepidemie in Wien gelebt haben. Er zog jeweils von Kneipe zu Kneipe und sang, um sich etwas zu verdienen. Oft war er dabei sehr betrunken. Als immer mehr Tote auf den Straßen lagen und er eines Nachts trunken zu Boden fiel, wurde er als vermeintliches Pest-Opfer zur Leichensammelstelle getragen. Wurde aber gerade noch gerettet. Angeblich soll er dann das Lied in Erinnerung an diese Begebenheit gedichtet haben. Weil eben fast »alles hin« war. Wohl nicht historisch belegt, aber: Wenn's denn nicht wahr ist, ist's doch eine schöne Geschichte.

Zweitens: Flöhe waren trotz des schlechten Rufes ein Faszinosum für die Menschen, was sich unter anderem im Genre des Flohzirkus ausdrückte. Der Zoologe Bernhard Grzimek berichtet in seinem »Grzimeks Tierleben« von Raimund Otawa, dem bekanntesten Flohzirkus-Direktor vor dem Zweiten Weltkrieg. Dessen Flöhe jonglierten auf dem Rücken liegend Bälle oder bewegten unter winzigen Röcken versteckt kleine Ballerinen-Figuren. Im Flohzirkus wurde übrigens nur mit Weibchen gearbeitet. Männchen waren für solche Anstrengungen zu schwach. Und auch heute noch kann man gelegentlich in einen Floh-Zirkus gehen. Zum Beispiel auf dem Oktoberfest in München.

Bevor Ihnen jetzt noch jemand den Floh ins Ohr setzt, dass auf einem Flohmarkt früher Flöhe verkauft wurden: falsch! Der Name Flohmarkt stammt - wahrscheinlich - daher, dass auf Märkten gebrauchte Kleidung und Möbel verkauft wurden. Und da wurde dann eben auch hier und da mal ein Floh mitgeliefert. Frei Haus ins Haus!

Und frei Haus auch noch hier das schöne Gedicht von Johann Wolfgang von Goethe, das Mephistopheles im Faust singt. Der Text wurde von Ludwig van Beethoven vertont:

Es war einmal ein König,
Der hatt' einen großen Floh,
Den liebt' er gar nicht wenig,
Als wie seinen eig'nen Sohn.
Da rief er seinen Schneider,

Der Schneider kam heran;
»Da, miß dem Junker Kleider
Und miß ihm Hosen an!«
In Sammet und in Seide
War er nun angetan,
Hatte Bänder auf dem Kleide,
Hatt' auch ein Kreuz daran,
Und war sogleich Minister,
Und hatt einen großen Stern.
Da wurden seine Geschwister
Bei Hof auch große Herrn.
Und Herrn und Frau'n am Hofe,
Die waren sehr geplagt,
Die Königin und die Zofe
Gestochen und genagt,
Und durften sie nicht knicken,
Und weg sie jucken nicht.
Wir knicken und ersticken
Doch gleich, wenn einer sticht.

Wie sagte schon Wilhelm Busch:

»Froh hupft der Floh.
Vermutlich bleibt es noch lange so«

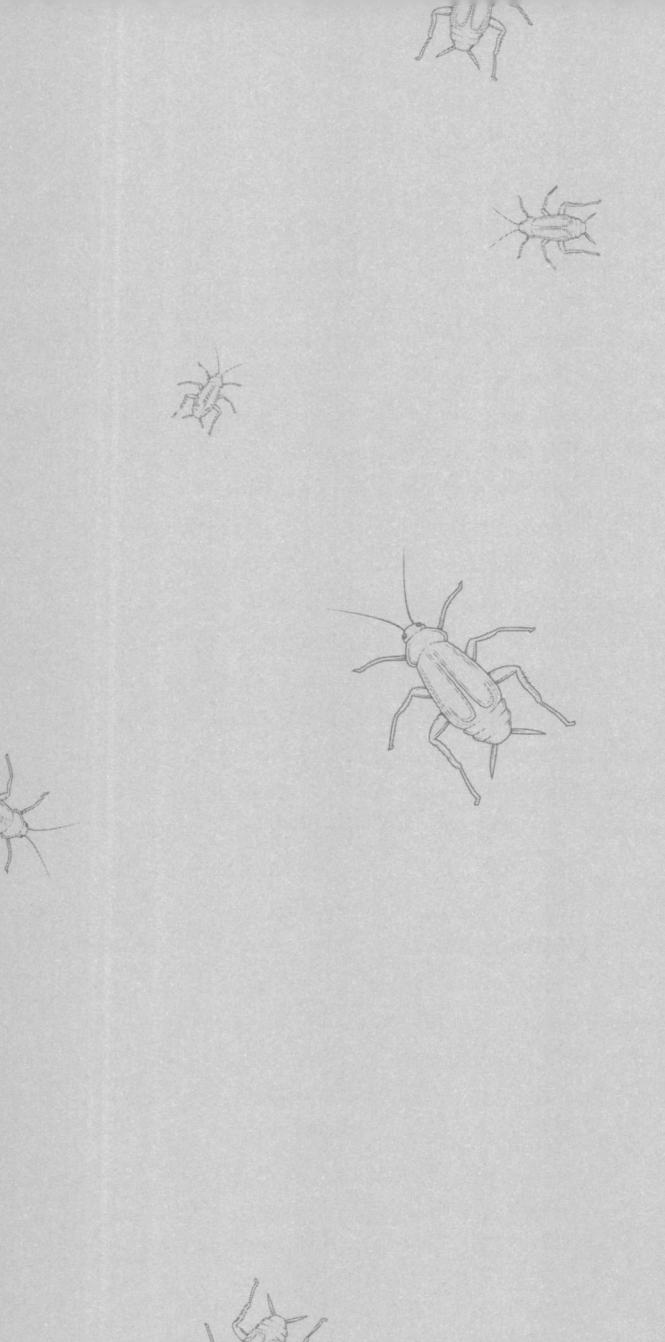

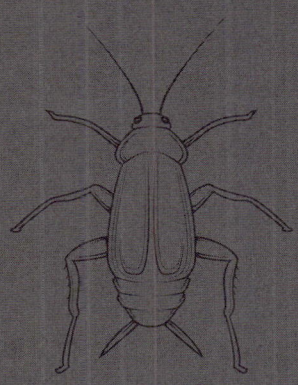

UNANGEFOCHTEN, UNBELIEBT UND UNKAPUTTBAR
DIE DEUTSCHE SCHABE

STAMM | GLIEDERFÜSSER (ARTHROPODA)
KLASSE | INSEKTEN
ORDNUNG | SCHABEN
GATTUNG | BLATTELLA
ART | DEUTSCHE SCHABE (BLATTELLA GERMANICA)
GRÖSSE | BIS ZU MEHREREN ZENTIMETER

Die Schabe, die auch als Kakerlake bekannt ist, hat ganz schlechte Karten. Einerseits. Denn eine Umfrage vor einigen Jahren ergab, dass sich die Menschen am meisten vor Insekten ekeln. Und hier liegt die Schabe ganz vorne. Andererseits können Schaben einen Atomkrieg überleben. Das wollen chinesische Forscher herausgefunden haben. Hoffen wir, dass das niemand in der Realität überprüft! Aber man weiß, dass Schaben viel höhere und auch viel niedrigere Temperaturen als der Mensch vertragen kann.

Außer den Kakerlaken sei *»Die einzige Lebensform, die einen Atomkrieg überleben kann«*, der Rolling Stone Keith Richards, sagte einst Bill Clinton in seiner Laudatio zum fünfundsechzigsten Geburtstag der Rocklegende.

Also diese »gute Karte« des Überlebens eines Atomkrieges wird die Kakerlake hoffentlich nicht ausspielen müssen. Die »schlechte Karte« bleibt ihr erhalten. Denn was passiert, wenn der Mensch sich wieder einmal vor einem Tier ekelt? Er bekämpft es, haut oder tritt drauf.

Und da gab es immer wieder das Gerücht, wer eine Schabe zertritt, trägt dann, wenn es sich um eine weibliche Schabe handelt, die Eier auf seinen Schuhsohlen mit sich herum und verbreitet sie. Das ist aber nie nachgewiesen worden. Einen solchen Tritt überleben die Eier mit allergrößter Wahrscheinlichkeit nicht. Aber man muss die Tiere erst einmal erwischen. Und erwischt man sie dennoch: *»Wenn eine Kakerlake stirbt, kommen Hunderte zur Beerdigung«*, heißt es bei den Forschern.

Denn: erstens sind sie sehr schnell, dazu aber gleich mehr. Und zweitens haben sie am Hinterleib zwei fühlerartige Anhänge. Diese Fühler sind mit winzigen Härchen bedeckt, mit denen sie können

Kakerlaken Bewegungen erfühlen, die hinter ihnen stattfinden. Und mit diesen Fühlern »erkennen« sie auch sofort, kommt da ein Angreifer oder ist es eine ungefährliche Bewegung. Wird es gefährlich für sie, können sie innerhalb von fünfzig Millisekunden reagieren und fliehen. Kakerlaken können mit ihren sechs Beinen extrem schnell laufen. Und das in einer Gangart, bei der immer nur drei Beine den Boden berühren. Es gibt Schaben-Arten, die können das Fünfzigfache ihrer Körperlänge in einer Sekunde hinter sich bringen. Auf den Menschen umgerechnet wären das sechzig bis achtzig Meter pro Sekunde! Usain Bolt mit seinen knapp zehn Metern pro Sekunde ist dagegen eine Schnecke! Apropos: In Berlin gab es eine Bar, in der jeden zweiten Sonntag Kakerlaken-Rennen stattfanden! Schaben existieren weltweit in circa viertausend Arten. In Deutschland gibt es drei Arten, die am häufigsten vorkommen: die Deutsche Küchenschabe, die Orientalische und die Amerikanische Schabe. Die Deutsche Schabe ist ein nachtaktives Tier, das man - so vorhanden - nur durch Zufall sieht, wenn man nachts etwa Licht anmacht. Schaben am Tage zu sehen, bedeutet in der Regel ein Vorhandensein größerer Mengen.

Deutsche Schaben erreichen eine Länge von mehreren Zentimetern, sind hell- bis dunkelbraun gefärbt, haben zwei lange Fühler, parallele Streifen hinter den Augen. Sie haben zwar Flügel, die sie aber kaum benutzen. Ihr Körper ist abgeplattet, sodass sie in feinste Ritzen von Wänden, in Küchengeräte oder etwa in Möbel hineinkriechen können.

Eine Besonderheit der Schaben ist, dass die Weibchen die Eier in einem Eipaket, der sogenannten Oothek, mit sich herumtragen. Erst bevor die Larven schlüpfen, nach etwa vier bis fünf

Wochen, legen sie die Eier ab. Die Larven benötigen bis zum Erwachsenenstadium, der Imago, rund zwei bis drei Monate.

Ein Weibchen der Deutschen Schabe kann in seinem Leben bis zu zweihundert Eier produzieren

In dreihundert Millionen Jahren ihrer Entstehung sind sie zu Weltmeistern in der Anpassung an die Umgebung geworden. Sie besiedeln gerne Lebensmittel verarbeitende Betriebe, Großküchen, Schwimmbäder, Diskotheken, Gewächshäuser, Hotels oder Krankenhäuser. Sie sind im Pentagon, im Olympiadorf von München oder in großen Wohnblocks. Oder eben auch im »Klein-Haushalt«, und werden hier zum heimlichen Haustier. Sie kennen sozusagen keine Probleme. Auch bei der Nahrung nicht. Eine Kakerlake frisst, was sie findet: Abfälle, Kot, Leder, Textilien, Klebstoffe, Tinte, Papier, Bier, Bananen oder auch tote Artgenossen.

Salmonellen, Hepatitis, Typhus oder etwa Tuberkulose können durch sie verbreitet werden. Aber: eine Kakerlake macht noch keine Krankheit! Man muss nicht gleich drauf treten, wenn man eine sieht. Klappt ja auch nur ganz schwer. Siehe oben!

Alle Experten raten zum Anruf beim Kammerjäger, sollten wirklich einmal viele, sehr viele Kakerlaken auftreten. Da müssen Fachleute ran, die Schaben sind einfach zu schwierig zu bekämpfen, sie sind zu schlau, zu anpassungsfähig. Versuche haben ergeben, dass Schaben nach sechs Generationen, also nach einem halben Jahr schon, resistent gegen das gespritzte oder gelegte Gift sind. Da muss man sich überlegen, ob man lernt, mit ihnen zu leben oder sich etwas Anderes ausdenkt.

Ganz einfach, meinte Plinius im Alten Rom, man müsse nur ein Kleid auf einen Sarg legen, damit es für immer vor den

Schaben sicher sei. Und Rases der Araber meinte sogar, man sollte die Kleider gegen Schaben schützen, indem man sie in die Haut eines Löwen einwickelt! Wo man den Löwen herbekommt, das verriet er nicht.

Eine natürliche Bekämpfung bzw. Verhinderung von Schaben besteht ganz allgemein in sorgfältiger Reinigung. Auch Essensreste nicht lange über Nacht offen stehen lassen. Was Kakerlaken gar nicht mögen, ist der Duft von Lorbeerblättern. Ebenso von Zwiebeln oder Katzenminze.

»Beliebt« sind Kakerlaken derzeit vor allem bei Wissenschaftlern. Sie helfen das Problem der Antibiotikaresistenz zu lösen. Der am Anfang schon zitierte amerikanische Wissenschaftsjournalist David MacNeal berichtet: *»Sie lieben Scheiße! Sie leben in einigen der dreckigsten Bereiche überhaupt, obwohl sie selbst sehr sauber sind. Daher haben sie eine Resistenz gegen viele Infektionen entwickelt.«*

Übrigens: Schaben haben in verschiedenen Ländern unterschiedliche Bezeichnungen: In Frankreich und in Russland heißen Schaben »Preußen«, in Ostdeutschland »Russen«, in Westdeutschland »Franzosen« und in der Schweiz werden sie »Schwabenkäfer« genannt. Das Böse kommt anscheinend vom Nachbarn! Den man wohl genau so wenig mag wie die Kakerlaken! Eleganter hat seine Abneigung Oberons Diener Puck in Shakespeare's Sommernachtsraum ausgedrückt:

»Auch wünsch ich, dass in diesem edlen Haus
nicht eine Ratte, eine Maus verbleibt.
Ihr Wanzen, Kakerlaken, Flöhe - raus!!
Denn hier nun möchten vor euch treten
Des Waldes Geister, Feen - und Majestäten.«

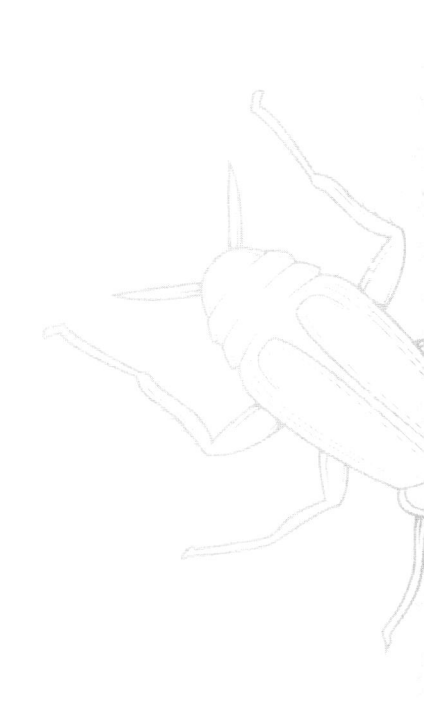

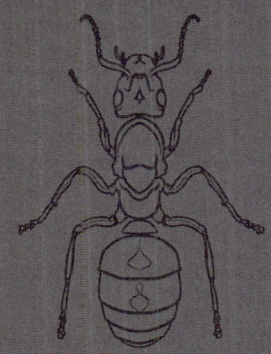

STABILE STAATENBILDUNG

AMEISEN

STAMM | GLIEDERFÜSSER (ARTHROPODA)
KLASSE | INSEKTEN
ORDNUNG | HAUTFLÜGLER (HYMENOPTERA)
GFÖSSE | SCHWARZE WEGAMEISE 5 – 7 MM

Warum gehen Ameisen nicht in die Kirche? Antwort: Sie sind in Sekten!

Zugegeben, ein etwas simpler Kalauer. Warum? Erstens zur Auflockerung nach den vielen Informationen, zweitens weil man sich so leicht merken kann, dass Ameisen Insekten sind und drittens, weil der erste Teil des Kalauers natürlich nicht stimmt. Ameisen gehen in Kirchen! Ameisen gehen überall hin, Ameisen sind überall! Es wundert mich immer wieder, Ameisen wirklich überall zu sehen. In der Stadt auf dem Grünstreifen, keine Frage. Aber im Stadtzentrum auf Bürgersteigen wo Menschen und Fahrräder sich bewegen, da sieht man sie ebenso, weil sich dort auch menschliche Nahrungsabfälle befinden. Überall dort, wo neben Cafés, Eisdielen, Kiosks, Fastfood-Lokalen oder Restaurants auch nur kleinste Mengen von Abfällen zu finden sind, sehen wir auch die Ameisen.

Und selbst in Häusern im dritten, vierten Stock oder noch höher krabbeln sie rum. Und in Wohnungen sind sie sowieso. Man sieht sie nicht immer. Aber lassen Sie mal Süßes herumstehen, Hunde- oder Katzenfutter übrig oder eine angeschnittene Melone, oder haben Sie Blattläuse an den Balkon- oder Zimmerpflanzen, schon erscheinen jede Menge Ameisen bei Ihnen. In diesem Fall, um die Blattläuse zu hegen und pflegen und Honigtau aus ihnen zu melken. Dieser Honigtau besteht aus für die Blattläuse überschüssigem Zucker, den man oft auch im Frühjahr auf den Pflanzen als klebrigen Saft fühlen kann. Eine willkommene Nahrungsquelle für die Ameisen.

Ameisen existieren seit etwa einhundertundvierzig Millionen Jahren. Die eigentliche Ausbreitung auf unserem Planeten geschah vor circa einhundert Millionen Jahren mit der Ausbreitung der Blütenpflanzen. Naomi E. Pierce, Professorin für Biologie am Museum für vergleichende Zoologie der *Harvard University* meint dazu: *»Unsere Ergebnisse unterstützen die Hypothese, dass Ameisen die ökologischen Möglichkeiten, die die neuen Pflanzenarten und die sich mit ihnen entwickelnden Pflanzen fressenden Insekten boten, optimal nutzen konnten. Die Pflanzen lieferten den Ameisen einerseits neue Habitate, sowohl in den Baumkronen als auch im Unterholz und der Streuschicht auf dem Waldboden, andererseits dienten die an den Pflanzen siedelnden Herbivoren als Nahrungsgrundlage und Beute.«*

Man könnte Ameisen als Krone der Schöpfung bezeichnen. Wegen ihrer Fähigkeit zur Anpassung: Einige von ihnen sind Allesfresser, einige spezialisiert auf bestimmte Nahrung, manche sind Räuber, manche sesshaft, andere wiederum wandern, manche Arten bauen Pilze an oder melken Blattläuse, es gibt Arten, die halten sich kleinere Arten als Sklaven, und nicht zuletzt können sie riesige Staaten bilden.

Wie bei allen Insekten, kennzeichnend für den Körperbau der Ameisen ist die Aufteilung des Körpers in Kopf, Mittelkörper und Hinterleib. Der Kopf trägt zwei Fühler, die sogenannten Antennen, mit Duftsinnesorganen. Mit ihnen können sie selbst noch feinste Spuren von Gerüchen wahrnehmen. Werden diese Fühler beschädigt oder gehen vollständig verloren, stirbt die Ameise. Außerdem befinden sich am Kopf Komplexaugen und Mundwerkzeuge, die universell einsetzbar sind. Einerseits zum Zerkleinern und Transportieren von Materialien, aber sie sind auch zum Kämpfen geeignet. Die Mundwerkzeuge bestehen aus Ober- und Unterkiefer und einer Art Zunge, mit der das Insekt tasten und schmecken kann.

Die Brust ist in drei Segmente geteilt. Jedes davon trägt ein Beinpaar. Es sind also sechs Beinpaare insgesamt.

Der Hinterleib trägt eine Drüse, mit der die Ameise die berühmt berüchtigte Ameisensäure versprühen kann. Das tut sie vor allem dann, wenn sie einen Feind erspäht hat. Harald W. Krenn, Biologe am Department für Evolutionsbiologie der Universität Wien berichtet:

»Rote Waldameisen nehmen eine Hand aus etwa fünfzehn Zentimeter Entfernung wahr und gehen dann in Abwehrstellung, indem sie den Hinterleib zwischen den Beinen nach vorne klappen und so gezielt auf den vermeintlichen Angreifer Ameisensäure spritzen. Das kann man an der Hand riechen, ohne jemals den Ameisenhaufen berührt zu haben.«

Und das kann dann ganz schön brennen, sollte diese Säure etwa in eine Wunde eindringen. Für den Menschen ist sie allerdings nicht giftig, nur eben unangenehm bis schmerzhaft.

Justin O. Schmidt ist Professor für Entomologie an der Universität von Arizona in Tucson. Er reist seit Jahrzehnten durch die Welt, um sich von Wespen, Bienen oder Ameisen stechen zu lassen. Als Folge seiner Erfahrungen hat er den nach ihm benannten *»Schmidt Sting Pain Index«* erstellt, eine Rangliste der Insektenstichschmerzen. Bei den Ameisen gibt es da einen ganz klaren Sieger, die 24-Stunden-Ameise *(Hormiga veinticuatro Horas oder auch Paraponera clavata),* deren Schmerz, wie der Name besagt, etwa vierundzwanzig Stunden dauert. *»Das ist der Heilige Gral der Insektenstiche«* sagt Professor Schmidt und setzt diese Ameise auf seiner Skala an die erste Stelle.

Weltweit existieren etwa fünfzehntausend verschiedene Arten von Ameisen. Ungefähr einhundertundzwanzig in Deutschland. Wahrscheinlich aber noch mehr. Deswegen kann ich hier eher allgemein über die Gruppe berichten und nicht über jede einzelne Art. Es sind zu viele, die jede für sich auch viel Interessantes zu bieten hat.

Diejenigen in unseren Häusern zählen zu den einheimischen Arten. Wie auch bei anderen Tierarten kommt es immer wieder zu »Zuzügen« aus anderen Ländern oder Kontinenten. So wie die Argentinische Ameise *(Monomorium trageri)* zum Beispiel. Sie wird bei uns gesichtet, wird sich aber wegen der kalten Wintertage eher nicht festsetzen können. Tropische Tiere vertragen unsere Winter nicht. Die am häufigsten vorkommende Ameise in Mitteleuropa ist die Schwarze Wegameise *(Lasius niger).* Normalerweise lebt sie an Waldrändern oder sonst in der Landschaft, wo sie nicht so sehr gestört wird. Aber sie wird auch zum heimlichen Haustier, weil sie extrem anpassungsfähig ist. Und sie ist es im allgemeinen auch, die im Formicarium, im Terrarium für Ameisen, gehalten wird.

In diesem kann man dann den Ameisenstaat studieren, denn Ameisen sind eusoziale Insekten, will sagen, sie organisieren sich in Staaten. Ein solcher Ameisenstaat kann in der freien Natur gelegentlich mehrere Millionen Tiere aufweisen. Die größte zusammenhänge Ameisenkolonie wurde vor einigen Jahren in Südeuropa entdeckt. Sie bestand aus den schon erwähnten Argentinischen Ameisen und erstreckte sich über viele tausend Kilometer. Die Forscher schätzten die Zahl der Individuen auf etliche Milliarden!

In einem Ameisenstaat herrscht absolute Arbeitsteilung. Sie sind wie die Musketiere: *»Einer für alle, alle für einen!«* ist ihr Motto. Im Extremfall sieht das so aus, dass kranke Ameisen kurz vor ihrem Tod das Nest verlassen, um in Einsamkeit zu sterben. Ein selbstloses Verhalten, das die anderen Nestbewohner vor Ansteckung schützen und so der Arterhaltung dienen soll. Das ergaben Forschungen von Biologen der Universität Regensburg. Ein Verhalten, das man übrigens auch von Elefanten und Löwen kennt. Allerdings ergaben Forschungen in den 1960er Jahren bei einigen Ameisenarten auch, dass es nicht nur den Superorganismus mit uneigennützigen Individuen gibt, sondern dass auch Individualinteressen existieren.

Ameisen-Männchen sind nur für die Fortpflanzung zuständig. Zum einige Stunden dauernden Schwarm- oder Hochzeitsflug, der meist im Sommer stattfindet, verlässt die geschlüpfte Königin zusammen mit den Männchen das Nest. Gelegentlich sind es so viele Tiere, dass ein solcher Schwarm wie eine Rauchwolke aussieht. So gab es im Jahre 2013 im saarländischen Thorley Großalarm bei der Feuerwehr, weil besorgte Anrufer den Ameisenschwarm für Rauch gehalten haben.

Die Paarung findet in der Regel in der Luft statt. Auf dem Flug wird die Jungkönigin vor zwei bis vierzig Männchen begattet. Sie nimmt dabei bis zu 100 Millionen Spermien auf. Nach dem Flug sterben die Männchen, die Königin verliert ihre Flügel und gründet einen neuen Staat. Sie legt Eier, aus besamten Eizellen entstehen dann Arbeiterinnen, aus unbesamten Männchen.

Ein Teil der Arbeiterinnen sammelt Materialien für den Nestbau, andere werden zu Soldatinnen, die den Bau bewachen und unerwünschte Eindringlinge bekämpfen. Oder sie versorgen die Brut und die Königin mit Speisen und andere gehen auf Nahrungssuche. Diese sind es in der Regel, wenn man in der Wohnung, in seinem Haus eine oder mehrere Ameisen sieht.

Arbeiterinnen können in großer Entfernung Futter aufspüren. Und in Nullkommanichts sind die auf dem Boden liegenden Krümel wegtransportiert.

Alles Leben in einem Ameisenbau ist geregelt und funktioniert reibungslos. Die einzelnen Tiere untereinander kommunizieren perfekt miteinander. Vorwiegend über Duftstoffe, den Pheromonen. Sei es beim Nestbau oder der Brutpflege. Ob im Wald oder im oder am Haus. Ameisen legen zum Beispiel Straßen an, die sie mit Hilfe ihrer Hinterleibsspitzen mit den Duftstoffen markieren. So können sie sicher sein, den Rückweg zu finden. Diese Duftstoffe können aber auch als Alarmsignale dienen, mit denen sie andere Ameisen zu Hilfe rufen. Und anhand der Pheromone erkennen sie ihre Nestgenossen.

Beobachtet man einen offenen Ameisenhaufen oder eine viel »befahrene« Straße, meint man, ein einziges Chaos zu sehen. Aber dem ist nicht so. Die Schwarmintelligenz von Ameisen verhindert, dass es zu Staus kommt. Der Physiker und Professor an der Fakultät für Verkehr- und Transport an der Universität Duisburg-Essen Michael Schreckenberg sieht den Vorteil der Ameisen darin, dass sie kooperativer sind als Menschen: *»Ursache für sechzig bis siebzig Prozent aller Staus ist ein zu hohes Verkehrsaufkommen, also Überlastung. Ameisen laufen dem Stau davon. Wenn es dichter wird, werden sie einfach schneller. Und wenn es nicht mehr geht, dann scheren einzelne aus, sodass das Gesamtsystem intakt bleibt«*, meint er. *»Nehmen wir mal gegenläufige Ameisenstraßen an einer Engstelle. Im Unterschied zum Menschen stellen Ameisen einen geordneten Verkehrsfluss her, indem sie sich gegenseitig pulkweise durchlassen, sie drängeln nicht, es gibt keine Zusammenstöße.«*

Aber zurück zum Ameisennest. Die Königin legt vom Frühling bis zum Herbst circa eine Million Eier (Die »Ameiseneier«, die wir mit bloßem Auge sehen, sind die Puppen der Ameisen, die Eier selbst sind sehr viel kleiner). So eine Königin der Roten Waldameise (Formica rufa) kann übrigens auch schon mal zwanzig Jahre alt werden.

Ameisen sind innerhalb ihres Nestes sehr sauber. Der Zoologe Tomer Czaczkes von der Universität Regensburg berichtet, dass Ameisen in ihren Bauten sogar *stille Örtchen* anlegen. Neben den Kinderzimmern, Gewächshäusern, Vorratskammern benutzen sie bestimmte Ecken als Toilette. *»Für Ameisen, die genau wie Menschen in dicht gedrängten Gemeinschaften leben, ist Hygiene ein großes Problem«*, betont der Zoologe. Warum sie für ihr Geschäft nicht den Bau verlassen, das haben die Forscher noch nicht herausgefunden.

Ameisen sind in jeder Hinsicht Nützlinge. Mit ihren Gängen in und um den Ameisenbau lockern sie die Böden auf, wodurch Freiraum für Wurzelbildung der Pflanzen entsteht. Und sie tragen dazu bei, dass Pflanzensamen verbreitet werden. Indem sie tote Tiere abtransportieren, säubern sie ihre Umgebung. Das gilt auch für das Hausinnere. Und natürlich sind sie innerhalb des Kreislaufes in der Natur auch Nahrung für Tiere wie Vögel, Eidechsen, Spinnen oder Kröten.

Apropos abtransportieren. Ameisen sind in der Lage mit ihren Mundwerkzeugen das 9,7fache ihres Körpergewichtes zu tragen, ohne dass die Masse den Boden berührt. Krabbeln sie senkrecht nach oben, dann sind sie sogar in der Lage, das 18,5fache des Körpergewichtes zu schleppen. Wären Menschen so stark wie Ameisen, müsste ein trainierter Gewichtheber etwa zehntausend Kilogramm tragen können! Das alles fanden Schüler eines Limburger Gymnasiums im Rahmen von »Jugend forscht« heraus. Mark Twain forschte meistens auch und bemerkte:

»Mir scheint, dass die Ameise außerordentlich überschätzt wird, besonders, was ihren Verstand betrifft. Ich habe sie nun schon manchen Sommer hindurch beobachtet, während ich etwas Besseres hätte tun können, und bis jetzt habe ich auch noch keine einzige gesehen, die bei ihrer Arbeit auch nur den geringsten Sinn und Verstand gezeigt hätte. Ihren Fleiß will ich durchaus nicht bestreiten: in der ganzen Welt arbeitet niemand so angestrengt wie sie, nur ihre Hohlköpfigkeit habe ich an ihr auszusetzen.«

Wir wissen es besser! Die neueren Forschungsergebnisse hatte Mark Twain natürlich noch nicht kennen können. Wie weise Ameisen sind, das wusste der Dichter Joachim Ringelnatz und beschrieb es so:

Die Ameisen

In Hamburg lebten zwei Ameisen,
Die wollten nach Australien reisen.
Bei Altona auf der Chaussee
Da taten ihnen die Beine weh,
Und da verzichteten sie weise
Dann auf den letzten Teil der Reise.
So will man oft und kann doch nicht
Und leistet dann recht gern Verzicht.

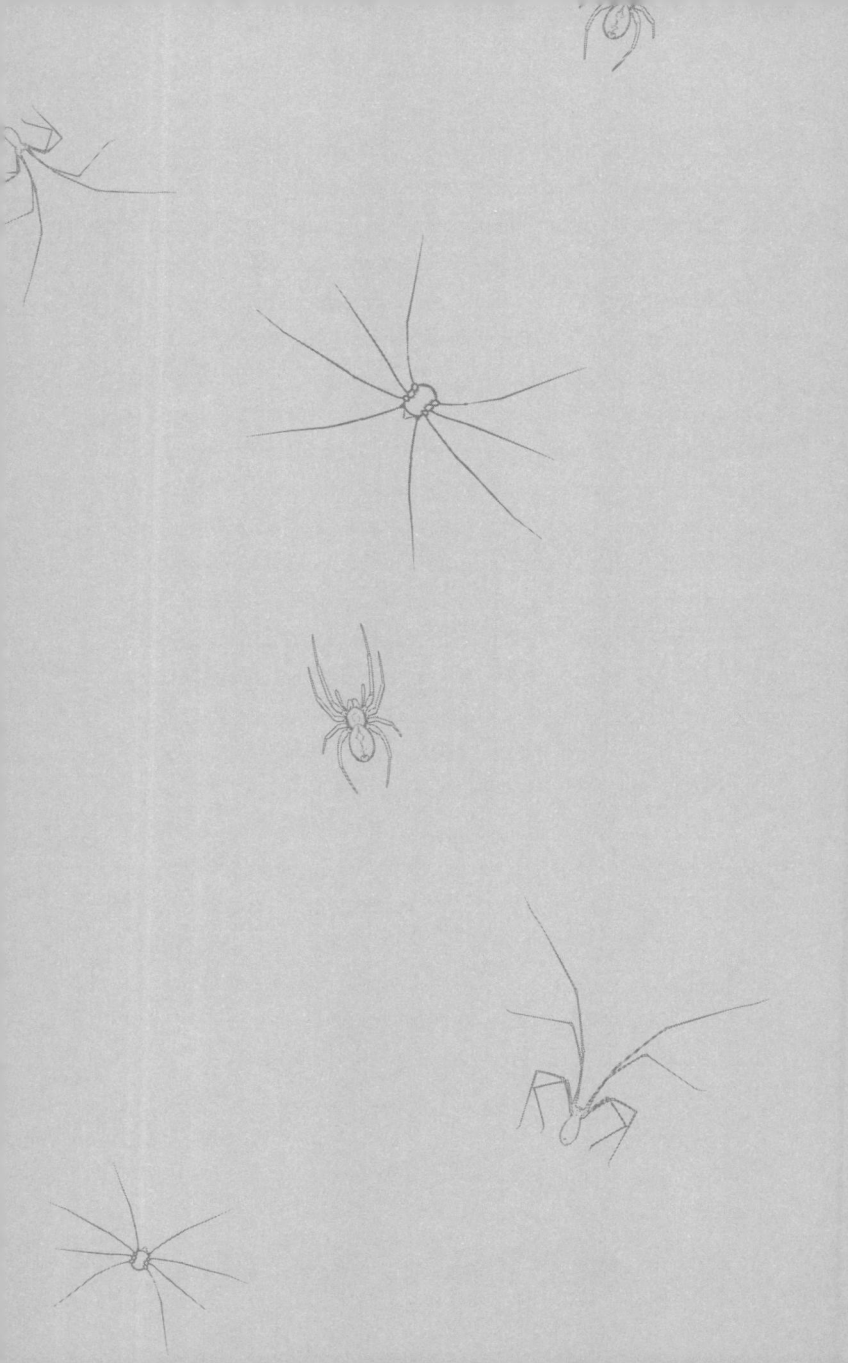

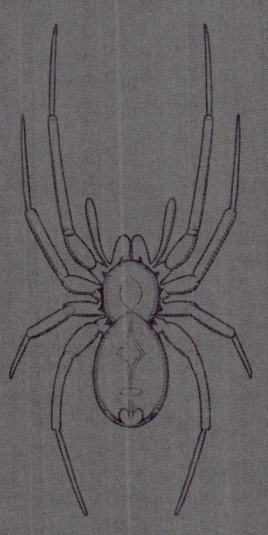

WORLD WIDE WEB
SPINNENTIERE

Das Kapitel »Spinnentiere« bzw. »Spinnen« ist ein großes Kapitel. Im übertragenen Sinne, aber auch im engeren, auf dieses Buch bezogen.

Mehr als sechsundvierzigtausend Spinnenarten sind weltweit bekannt. Aber Experten schätzen, dass es wohl mehr als dreimal so viele sind. Immer wieder werden neue Arten entdeckt. Vor einigen Jahren fand der Liechtensteiner Zoologe Holger Frick in etwa 2000 Meter Höhe eine neue Spinnenart. Zwei Millimeter groß bzw. klein: die »*Zamonische Zwergspinne*«, benannt nach den Comics von Walter Moers, dessen zamonischen Zwergpiraten die Spinne ähnelt, wie der Entdecker behauptet! Erst letztes Jahr entdeckte man in Mexiko eine riesige Spinne *(Califorctenus cacachilensos)* mit — inklusive den Beinen — dreiundzwanzig Zentimeter Durchmesser, zwar giftig, aber für den Menschen nicht tödlich. Und das ist noch nicht mal die größte Spinne. In Australien existiert die Huntsman-Spinne, deren Exemplare in der Regel auch über zwanzig Zentimeter groß werden. Ein Exemplar wurde sogar mit über — inklusive Beinen — vierzig Zentimeter gemessen. Diese Riesen sind übrigens weder giftig noch besonders aggressiv. Eine andere Art der Huntsman-Spinne wurde entdeckt von dem deutschen Spinnexperten Peter Jäger, der gleichzeitig auch ein Fan von David Bowie ist. Deshalb gab er der neu entdeckten Art den Namen *»Heteropoda davidbowie«*. Mit dem ungewöhnlichen Namen will der Spinnexperte auf das globale Artensterben aufmerksam machen.

Spinnen erreichen also Größen von zwei Millimetern bis zu vierzig Zentimetern, eine enorme Spannweite! Ein Beispiel für die Möglichkeiten der Anpassung. Spinnen leben in Wiesen und Wäldern, sie leben an der Küste am Salzwasser, aber auch im Süßwasser. Man findet sie in Höhlen, auf Bergen bis zu siebentausend Metern, in Wüsten und auf Gletschern. Und das seit etwa vierhundert Millionen Jahren. Sie existierten schon vor den Sauriern!

Bevor ich noch weitere Fakten aufzähle, eine Klarstellung. Viele von den bisher genannten Mitbewohnern waren Insekten. Spinnen gehören nicht zu ihnen. Spinnen sind eine eigene Klasse der Gliedertiere. Der Unterschied zu den Insekten besteht zum Beispiel in der Anzahl der Beine. Spinnen haben acht Beine, Insekten, wie mehrmals erwähnt, sechs. Außerdem sind die beiden Körperteile der Spinnen deutlich voneinander abgeteilt in Vorder- und Hinterkörper. Insekten dagegen haben drei Körperabschnitte: Kopf, Brust und Hinterleib. Insekten haben immer Fühler, Spinnen nicht. Spinnen besitzen zwischen sechs und acht Augen. Auch die Mundwerkzeuge sind unterschiedlich. Spinnen besitzen ein Paar Kieferklauen, die sogenannten Cheliceren. Einige Arten können mit ihnen Beutetiere durch Gift lähmen oder töten. Das sind nur einige Unterschiede zu den Insekten. Aber man muss auch unterscheiden zwischen Spinnentieren und Spinnen. »Spinnentiere« ist der Oberbegriff. Zu ihnen zählen zum Beispiel Spinnen, Krabben oder Skorpione. Zu den Spinnentieren gehört die schon vorgestellte Hausstaubmilbe ebenso wie der Bücherskorpion. Und – Überraschung – zu den Spinnentieren zählt man auch die Weberknechte *(Opiliones)*, die wir allgemein immer als Spinnen bezeichnen und die später noch extra vorgestellt werden.

Spinnen sind für die Natur und für die Ökosysteme extrem wichtig. Die Forscher Martin Nyffeler von der Universität

Basel und Klaus Birkhofer von der Universität Lund haben errechnet, dass Spinnen jährlich weltweit die unglaubliche Menge von vierhundert bis achthundert Millionen Tonnen Beute vertilgen. Das muss man sich mal vorstellen, diese kleinen Achtbeiner, verschlingen eine derartige Menge! Das ist ähnlich viel wie die Beute aller Wale aus allen Weltmeeren zusammengenommen! Die gesamte Menschheit verzehrt zum Vergleich in diesem Zeitraum etwa vierhundert Millionen Tonnen Fisch und Fleisch!

Eine andere Rechnung von Forschern ergab, dass in für Spinnen günstigen Lebensräumen auf ein bis zwei Hektar Land bis zu eine Million Spinnen leben, die dort pro Jahr bis zu einer Milliarde Insekten fressen. Stellen Sie sich bitte einmal unsere Landschaften ohne eine einzige Spinne vor! Wir würden an Insekten ersticken!

Aber Spinnen sind natürlich nicht nur als Insektenvertilger wichtig. Spinnen dienen ja auch als Nahrung für viele Tiere. Wie Nyffeler und Birkhofer ermittelten, ernähren sich weltweit zum Beispiel zwischen dreitausend bis fünftausend Vogelarten von Spinnen.

Das alles sind Zahlen, die uns doch nachdenklich machen sollten. Aber was passiert? Wir sagen »Pfui Spinne« und starten einen Vernichtungsfeldzug!

Der Wissenschaftsjournalist und Tierfilmer Horst Stern meinte einmal in seiner Sendung über die Spinnen:

»Während der westliche Mensch von heute das Pferd, den Hund und die Katze streichelt; während er den Regenwurm als Gärtner preist und die Biene als Wunder der Natur; während er Löwe und Elefant zu seinem Urlaubsziel macht und den Adler im Schilde führt, schlägt er ein Tier,

das sie allesamt an Instinktleistungen übertrifft, mit dem Ausdruck des Ekels tot.«

»Mit dem Ausdruck des Ekels«, da wären wir an dem Punkt, den alle sofort aufgreifen, wenn man von Spinnen spricht: Angst! Spinnenangst! Arachnophobie! Einem Menschen, der Angst vor Spinnen hat, dem kann man nicht begegnen mit: *»Die tun doch nichts!«* oder *»Die sind doch nützlich!«.* Bringt alles nichts, das wissen die Phobiker selber. Diese Angst ist irrational. Die Ängste haben in der Regel schon Kinder, die dann auch noch in der *»Biene Maja«* von Waldemar Bonsels über die Spinne Thekla lesen: *»Hüte dich vor dem Netz der Spinne, in ihrer Gewalt erleiden wir den grausamsten Tod. Sie ist herzlos und tückisch und lässt niemanden wieder frei.«*

Jede dritte erwachsene Frau und jeder fünfte erwachsene Mann hat Angst vor Spinnen. Zumindest hier in Europa. In tropischen Ländern werden Spinnen schon eher als nützlich angesehen, weil sie dort dasselbe tun wie hier bei uns, Insekten fangen und fressen.

Woher bei uns diese Ängste stammen, ist unklar. Spinnen sind wahrlich keine Streicheltiere, sie haben keine Mimik, sie haben keine Stimme und sie reagieren nicht auf uns wie etwa Katze oder Hund. Die Spinnen, die wir im Haus haben, sind dunkel gefärbt, können sehr schnell laufen. Und dass man vor einem schnell laufendem dunklen Etwas Furcht hat, ist eigentlich so überraschend nicht.

Experimente haben gezeigt, dass die Phobiker die Größe der Spinnen stark überschätzen. Man hat herausgefunden, dass bei den Spinnen-Phobikern immerhin in vierzig Prozent der Fälle schon ein Elternteil auch diese Angst hatte. Die Phobie kann außerdem auch Veranlagung sein oder eine Kombination von beidem, wie das Wissensmagazin Scinexx schreibt. Auch möglich, dass es einmal aus irgendwelchen Gründen einen Panikanfall oder starke Schmerzen gab und man sah dabei zufällig eine Spinne. Das führt dann hinfort zu einem Erinnerungsreiz: Wird eine Spinne gesehen, wird dieser Augenblick wieder aufgefrischt.

Eine andere Theorie besteht darin, dass die Angst von unseren Vorfahren stammt, für die es sehr nützlich und sinnvoll war, mögliche Gifttiere wie auch die Spinnen zu meiden.

Und nicht zuletzt werden solche Ängste durch Medien angefacht oder wieder erweckt. Filme über riesige Horror-Spinnen sind für Phobiker nicht hilfreich!

Aber es gibt eine gute Nachricht! Spinnen-Phobie ist heilbar. Sehr gute Ergebnisse hat die Konfrontationstherapie gezeigt, bei der man mit echten Spinnen (neuerdings auch mit Hilfe von Cyber-Brillen mit virtuellen Spinnen) konfrontiert wird. Und wenn die Therapie dem Menschen hilft, dann hilft sie auch den Spinnen. Denn die können in Ruhe weiterleben und müssen nicht befürchten, in der Küche, im Wohnzimmer, im Garten oder sonstwo erschlagen zu werden!

Und damit wären wir wieder in den vier Wänden, die unser Heim bilden. Aber eben auch das der heimlichen - für manche auch unheimlichen - Mitbewohner, den Spinnen. Als häufigste Spinnen in unseren Behausungen gelten die Zitterspinne, die Hausspinne oder Große Winkelspinne und die Weberknechte *(Opiliones)*, die – wie schon erwähnt – keine Spinnen sind. Von ihnen aber später.

Noch ein Wort zu der Giftigkeit der Spinnen. Fast alle Spinnenarten haben Giftdrüsen, die sie beim Beutefang einsetzen.

Aber: Nur ganz wenige Arten sind für uns Menschen gefährlich. Die Anzahl der Todesfälle durch einen Spinnenbiss liegt weltweit gerechnet bei zehn! Und das bei etwa sieben Milliarden Menschen. Da sind in unseren Breiten Bienen, Wespen oder Hornissen wesentlich gefährlicher.

Das was wir tagtäglich von den Spinnen sehen, sind ihre Netze, die es in den verschiedensten Formen gibt. Die Spinnenfäden sind sehr belastbar und vielen technisch hergestellten Materialien überlegen. Die Spinnseide ist ein Ausscheidungsprodukt der Spinndrüsen am Hinterkörper. Sie spinnen ihre Netze oder lassen einen Faden aus dem Hinterleib austreten und warten darauf, dass der Wind sie fort trägt.

Fäden haben verschiedene Funktionen: Es gibt *Brückenfäden* zum Festigen des Gewebes, *Haftfäden,* die Fäden miteinander verbinden, *Beutefesselfäden,* mit denen die Beute zu einem Paket umwickelt wird, *Kokonfäden,* mit denen die abgelegten Eier umwickelt werden, *Fangfäden,* die die Beute festhalten und *Klebefäden,* die so elastisch sind, dass sie nicht reißen, wenn eine Beute sich im Netz verfängt.

Diese Spinnseide besteht aus Eiweißstoffen, die der menschliche Körper gut verträgt. Schon die alten Ägypter legten Spinnengewebe auf Wunden.

Forscher in verschiedenen Ländern arbeiten daran, sprich sie melken die Spinnen, um deren Fäden bei der Wundheilung oder für die Nervenregeneration einzusetzen. In fünfzehn Minuten kann eine Spinne bis zu einhundert Meter Faden abgeben. Die Forschungen zu diesem Thema sind noch lange nicht abgeschlossen. Wissenschaftler in Bayreuth zum Beispiel arbeiten an einem Spray aus Spinnenseide, das bei Hautkrankheiten eingesetzt werden soll. Es gibt bereits Kosmetika aus Spinnenseide. Und auch die Automobilindustrie ist an den Forschungsergebnissen interessiert. Material aus reißfester Spinnenseide könnte wichtig werden für den Karosseriebau. Und inzwischen gibt es einen Sportschuh aus künstlicher Spinnenseide, der biologisch abbaubar sein soll.

»Spinne am Morgen bringt Kummer und Sorgen.
Spinne am Abend, erquickend und labend.«

Dieses alte Sprichwort, das sich ja ursprünglich auf das Spinnen am Spinnrad bezog, sollte ersetzt werden durch:
»Mit Spinnen kann man nur gewinnen!«
Doch vom Allgemeinen hin zu einer Mitbewohnerin, der Zitterspinne:

ZITTERSPINNEN

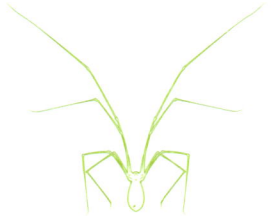

Stamm | Gliederfüßer (Arthropoda)
Klasse | Spinnentiere (Arachnida)
Ordnung | Spinnen (Araneae)
Gattung | Pholcus
Art | Zitterspinne (Pholcus phalangioides)
Größe | 7 – 10 mm

Zitterspinnen stammen vermutlich aus dem östlichen Mittelmeerraum. In Deutschland, Österreich und in der Schweiz sind sie schnell heimisch geworden, sodass man ihre genaue Herkunft nicht weiß. Sie leben hauptsächlich in Kellern und in ruhigen Ecken der Wohnungen. Sie sind so an unsere Behausungen gewöhnt, dass sie umgehend versuchen zurückzukehren, wenn man sie ausgesetzt hat! Das nennt man Anhänglichkeit! In wärmeren Gegenden leben sie aber auch in der Natur. Ihr Name rührt von ihren Bewegungen her, wenn ihr Netz berührt wird: Die Spinne schwingt zitternd hin und her. Damit sollen ihre Konturen verschwimmen und ein etwaiger Räuber wird von ihr ablassen. Vom Aussehen her wird sie oft mit Weberknechten verwechselt. Diese aber »zittern« nicht und weben auch keine Netze.

Die Zitterspinne kann bis zu drei Jahre alt werden, ihr walzenförmiger Körper wird zwischen sieben und zehn Millimeter groß, die Beine können bis zu fünf Zentimeter lang werden. Also ein winzig kleiner Körper und sehr lange Beine! Sie sind in der Regel grau oder gelblich grau, manchmal auch hellbraun. Sie zeichnen sich dadurch aus, dass sie ein ziemlich unstrukturiertes Netz bauen, das von Verspannungsfäden festgehalten wird. Da sind die Fäden hin und her, von links nach rechts und von oben nach unten, kreuz und quer gesponnen. Man könnte fast sagen schlampig oder liederlich. Aber das sind mal wieder menschliche Kategorien. Die Netze sind teils sehr großflächig errichtet. Nebenbei gesagt, ist das Zeltdach des Olympiastadions in München eine ähnliche Konstruktion. Die dünnen Fäden halten der Zugbelastung stand und die Masten des Stadions sind in der Natur Grashalme oder dünne Zweige und sind für die Druckbelastung zuständig.

Gelegentlich leben mehrere Zitterspinnen mit ihren Netzen nebeneinander. Obwohl die Netze gar nicht abgegrenzt sind, verhalten sie sich den anderen Exemplaren gegenüber neutral.

Im Netz sitzt die Spinne in der Mitte mit dem Bauch nach oben. Die Fangfäden sind nicht wie bei anderen Spinnen klebrig. Die Zitterspinne ist blitzschnell bei der Beute, die sich im Netz verfängt. Die Beute wird sofort mit Spinnfäden umwickelt, die sie mit den Hinterbeinen aus ihren Spinnwarzen zieht. Das Beutetier wird gebissen und das Gift eingespritzt. Dann erst beginnt sie mit dem Vertilgen der Beute. Die Zitterspinne — wie alle anderen Spinnen auch - injiziert einen Saft, der die Beute vorverdaut und ihr ermöglicht, den Körperinhalt auszusaugen. Das was übrig bleibt, wird aus dem Nest entfernt. Die Beutetiere zeigen uns wie extrem nützlich die Zitterspinnen sind. Von zwanzig verschiedenen Insektenarten, achtunddreißig Spinnenarten und noch weiteren Gliederfüßern wie Kellerasseln, Tausendfüßer oder Weberknechten befreit sie uns. Das ist wirklich eine lobenswerte Spinne! Übrigens war sie Spinne des Jahres 2003.

Das Weibchen der Zitterspinne frisst sogar so viel, dass das Männchen, um sie zu begatten, sie dazu bringen muss, das Fressen einzustellen. Es muss balzen! Es wackelt dabei mit seinem Hinterteil, klopft auf das weibliche Netz, zupft an Netzfäden und schließlich betatscht es auch das Weibchen selber. Gefallen diese Signale dem Weibchen, lässt sie die Begattung zu, die auch schon mal zwischen fünfzehn Minuten und fünf Stunden dauern kann! Man hat herausgefunden, dass nur dieses Balzverhalten entscheidend ist. Ob das Männchen groß oder klein ist, spielt keine Rolle.

Nach der Begattung vertreibt das Weibchen das Männchen. Ein bis zwei Wochen später legt es bis zu zweihundert Eier in einem Kokon ab. Die Jungspinnen sind dann sich selbst überlassen, spinnen sofort eigene Netze, fangen selbständig Beute und werden nach etwa einhundert Tagen geschlechtsreif. Bei der Zitterspinne kann man in der Regel von einem Alter von etwa ein bis zwei Jahren ausgehen. Manche Fachleute reden auch von bis zu fünf Jahren. Um dieses Alter zu erreichen, hat die Zitterspinne eine Schutzhilfe. Bei Gefahr kann sie einzelne Beine abwerfen, die mit ihrem Zucken einen Angreifer ablenken. So kann die Spinne auf den restlichen Beinen flüchten und in Ruhe älter werden.

HAUSSPINNE

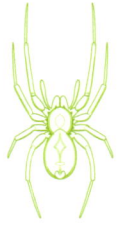

Stamm | Gliederfüßer (Arthropoda)
Klasse | Spinnentiere (Arachnida)
Ordnung | Spinnen (Araneae)
Gattung | Winkelspinnen (Tegenaria)
Art | Große Winkelspinne (Tegenaria atrica) und Hauswinkelspinne (Tegenaria domestica)
Größe | bis zu 2 cm

Die Spinne, die in unseren Breiten ganz allgemein »Hausspinne« genannt wird, gehört zu den Winkelspinnen. Es ist entweder die »Große Winkelspinne« oder die »Hauswinkelspinne«. Das sind sozusagen die »normalen« Spinnen, die uns überall begleiten. Man kann davon ausgehen, dass jeder von uns sie schon einmal gesehen hat: im Keller, auf dem Dachboden, in den Zimmern, im Bad, in der Küche, einfach überall. Und zwar dort, wo sie ungestört sind. Eben in den Winkeln der Zimmer. Oder hinter Schränken oder in dunklen Ecken. In der Regel im Haus, aber eben auch außen am Haus oder im Schuppen oder auf der Terrasse oder Balkon.

Der Körper des Weibchens kann bis zu zwei Zentimeter erreichen, die Männchen etwa zwölf bis fünfzehn Millimeter. Männchen können insgesamt das stattliche Maß von - inklusive der
behaarten Beine - zehn Zentimetern erreichen. Da füllen sie
schon mal fast eine Handfläche aus! Und sie sind, um es gleich
zu sagen, wie im Prinzip alle Spinnen bei uns für den Menschen
ungefährlich. Wir gehören absolut nicht zu ihrem Beuteschema.
Abgesehen von der Größe kommt uns die Winkelspinne
recht unauffällig entgegen. Sie ist zwischen hellbraun und fast
schwarz gefärbt. Sie ist nachtaktiv und hat wie die meisten
Spinnen zwei Haupt- und sechs Nebenaugen. Auf dem Körper
tragen sie winkelartige Zeichen, die der Spinne den Namen
gab. Oder vielleicht doch wegen der schon erwähnten Haus-
und Zimmerwinkel? Genaues weiß man nicht.

Winkelspinnen bauen in ruhigen, meist dunklen Ecken ein
trichterförmiges Netz, das sich zum Ende zu einer Wohnröhre
verjüngt. Beutetiere bleiben an den Fäden kleben und die Spinne stürzt »aus der Tiefe des Raumes« auf sie, injiziert ihr Gift,
durch das sich das Beutetier innen auflöst und danach von ihr
ausgesaugt werden kann.

Normalerweise, wenn sich nichts tut, bleibt das Weibchen ru-
hig abwartend im Netz, während die Männchen unruhiger sind
und in der Gegend herumlaufen. Besonders aktiv sind sie, wenn
sie sich paaren wollen. Und so eine Paarung bei Winkelspinnen
kann ein paar Stunden dauern. Und es kann auch schon mal
passieren, dass nach der vollzogenen Paarung das Weibchen das
Männchen auffrisst. Aber das geschieht eher selten.

Das Weibchen webt einen dicken vor der Kälte schützenden
Kokon für die Eier. Die Jungen schlüpfen erst im Frühjahr,

wenn es wärmer wird. Sie bleiben noch einige Tage in der Nähe des Kokons und beginnen danach ihr eigenes Leben.

Wie alle Spinnentiere häuten sich auch die Winkelspinnen regelmäßig. Wächst die Spinne, platzt die Haut auf der Brustseite auf und das Tier steigt aus ihr heraus wie unsereins aus dem Mantel. Die neue Haut ist zunächst noch weich, es dauert eine Weile bis sie ausgehärtet ist.

Die adulten (erwachsenen) Tiere fallen im Winter in eine Kältestarre, bei der die Körpervorgänge heruntergefahren werden und das Tier so die tieferen Temperaturen überstehen kann. In den beheizten Wohnungen oder Häusern bleiben sie aktiv.

Und da kommt es auch vor, dass so eine Winkelspinne bei ihrer nächtlichen Aktivität im Waschbecken oder in der Badewanne landet. Und das ist normalerweise ihr Ende, wenn wir ihr nicht heraushelfen. Die Spinne hat an der Unterseite ihrer Beine kräftige Borsten. Die helfen ihr, ohne Mühe an strukturierten Oberflächen wie Wänden, Gardinen, Tapeten nach oben zu laufen. Das aber geht bei einer glatten Wand wie im Waschbecken oder in der Badewanne nicht. Also bitte helfen! Und nicht den Staubsauger holen! Das wäre qualvoll für die Spinne. Und abgesehen davon es ist durchaus möglich, dass sie wieder aus dem Staubsaugerbeutel herauskrabbelt. Wenn es denn sein muss, stülpen Sie ein Glas über das Tier und schieben ein Stück Papier drunter und tragen die Spinne nach draußen. Aber weit weg, denn sonst kommt sie zurück. Das ist erwiesen!

WEBERKNECHT

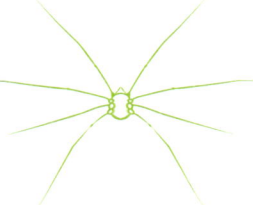

Stamm | Gliederfüßer (Arthropoda)
Klasse | Spinnentiere (Arachnida)
Ordnung | Weberknechte (Opiliones)
Gattung | Opilio
Art | Gemeiner Weberknecht (Phalangium opilio)
Größe | 5 – 20 mm

Wie ich vorher schon erwähnt hatte, der Weberknecht ist keine echte Spinne. Er gehört zu den Spinnentieren. Der Unterschied vom bei uns in der Regel vorkommenden Gemeinen Weberknecht *(Opilio parietinus)* zu den Spinnen besteht darin, dass Weberknechte keine Spinndrüsen haben und auch nicht über eine Giftdrüse verfügen. Und er hat auch nur zwei Augen, nicht sechs oder acht wie bei den Spinnen. Ansonsten hat der Weberknecht natürlich alles, was uns dazu bringt, ihn als Spinne zu bezeichnen. Und auch hier gleich wieder der Hinweis, dass sie für unsereins absolut ungefährlich sind. Weberknechte kann man guten Gewissens als friedliche Tiere bezeichnen.

Weberknechte, von denen es in Deutschland etwa vierzig Arten gibt, sind leicht von Spinnen zu unterscheiden. Sie haben keinen zweigeteilten Körper und sie besitzen überlange Beine. Der Vorder- und der Hinterkörper sind beim Weberknecht zusammengewachsen. Und das ist auch das typische Erscheinungsbild des Weberknechts an unseren Wänden: ein winziger Körper in der Mitte und davon ausgehend acht elend lange Beine, die sternförmig sich ausbreiten.

Normalerweise sieht man den Weberknecht draußen in der Natur. Aber was ist in der Natur schon normal? Vor allem in

Zeiten des Klimawandels, der Verstädterung und der Luftver-
schmutzung. Aus eigener Erfahrung kann ich sagen, dass die
Weberknechte sich auch im Haus aufhalten. Und gar nicht mal
so selten.

Aber auch hier: früher, sehr viel früher, habe ich sie öfter ge-
sehen und auch zu mehreren. Bei uns hießen sie seinerzeit
Schuster. Andere Namen für den Weberknecht sind: Kanker,
Schneider, Weber, Mähder, Opa Langbein oder Zimmermann.
Eine auffällige Häufung von Handwerksnamen. Es ist aber nir-
gendwo belegt, woher sich diese Namen ableiten.

Das oben erwähnte Zusammensein mehrerer Weberknechte
ist nicht ungewöhnlich. Man könnte fast sagen, dass sie ge-
sellige Tiere sind. Wenn sie sich treffen, betasten sie sich und
das war es erst einmal. Und danach kann es dazu kommen,
dass sie friedlich nebeneinander sitzen und man gar nicht mehr
zu erkennen vermag, welche Beine zu welchem Exemplar gehören. Optisch gesehen ein wunderschönes Bild! Vor allem,
wenn man sieht, dass etliche von den Weberknechten gerade
beim Fressen sind. Ihre Beute besteht aus teils lebendem, teils
totem Kleingetier. Sie zerreißen buchstäblich die Beute, flößen
ein Sekret ein und können dann das Beutetier aussaugen. Aber
auch pflanzlicher Nahrung ist er nicht abgeneigt.

Durch seine langen Beine ist der Weberknecht sehr flink. Das
muss er auch, da er ja kein Netz zum Beutefangen webt. Er ist
ein Räuber und muss die Beute direkt ergreifen. Seine langen
Beine haben noch eine Besonderheit: durch ihre Länge sind sie
für Raubfeinde leicht zu packen. Geschieht das, kann der Weberknecht (wie vorher beschrieben auch die Zitterspinne) das
Bein an einer Sollbruchstelle fallen lassen, so wie eine Eidechse

ihren Schwanz. Das abgefallene Bein kann noch bis zu einer Stunde hin und her zucken und so den Feind ablenken. Der Weberknecht ist gerettet. Das verlorene Bein kann er allerdings nicht ersetzen.

Die Fortpflanzung bei Weberknechten ist eine echte Paarung. Männchen und Weibchen stehen sich direkt gegenüber. Das Männchen platziert seinen Penis (den Spinnen nicht haben) in die Geschlechtsöffnung des Weibchens und überträgt so die Spermien. Im Spätsommer legt dann das Weibchen mit seiner Legeröhre die Eier in Spalten ab. Nach gut einem Monat schlüpfen die Jungtiere, die sich bis zu siebenmal häuten, bis sie die Größe eines erwachsenen Weberknechts erreicht haben. Übrigens wachsen die Beine erst im Verlauf der Häutungen zur typischen Länge heran.

Ein solcher paarungsbereiter Weberknecht mit ausgestrecktem Penis wurde, wie das Fachmagazin *»Science of Nature«* 2016 berichtete, in einem Bernstein entdeckt, der neunundneunzig Millionen Jahre alt ist. Man geht aber davon aus, dass verschiedene Weberknecht-Gruppen schon seit mehr als dreihundert Millionen Jahren existieren. Und zwar in der Form wie sie heute zu sehen sind.

Zum Abschluss des Kapitels über Spinnentiere noch ein Nachlassgedicht von Gottfried Keller zu diesem Thema:

Friede der Kreatur
Spinnen waren auch mir zuwider
All meine jungen Jahre,

Ließen sie sich von der Decke nieder
In die Scheitelhaare,
Saßen verdächtig in den Ecken
Oder rannten, mich zu erschrecken,
Über Tischgefild und Hände,
Und das Töten nahm kein Ende.

Erst als schon die Haare grauten,
Begann ich sie zu schonen
Mit den ruhiger Angeschauten
Brüderlich zu wohnen;
Jetzt mit ihren kleinen Sorgen
Halten sie sich still geborgen,
Lässt sich einmal eine sehen,
Lassen wir uns weislich gehen.

Hätt ich nun ein Kind, ein kleines,
In väterlichen Ehren,
Recht ein liebliches und feines,
Würd ichs mutig lehren
Spinnen mit den Händen fassen
Und sie freundlich zu entlassen;
Früher lernt' es Friede halten
Als es mir gelang dem Alten.

Benutzte und lesenswerte Bücher bzw. empfohlene Websites zum Thema

Horst Altmann: Giftpflanzen Gifttiere, München 2004
Amendt/Krettek/Nießen/Zehner: Forensische Entomologie: Ein Handbuch,
    Frankfurt/Main 2013
David Attenborough: Verborgene Welten, 2 DVDs 2016
Mark Benecke: Kriminalbiologie, Bergisch Gladbach 1999
May. R. Berenbaum: Blutsauger Staatsgründer Seidenfabrikanten, Heidelberg 1997
Jörg Blech: Leben auf dem Menschen, Hamburg 2000
Waldemar Bonsels: Die Biene Maja und ihre Abenteuer Vierter Band: Majas
    Gefangenschaft bei der Spinne, München 1985
Martin Brookes: Drosophila, Reinbek 2002
Martin Brookes/Hubert Mania: Die Fliege: Die Erfolgsgeschichte eines Labortiers,
    Hamburg 2003
Wilhelm Busch: Das große Wilhelm Busch Familienalbum, (Die Fliege),
    Königswinter 2007
Michael Chinery: Buch der Insekten, Stuttgart 2004
Karen Duve/Thies Völker: Lexikon berühmter Tiere, Frankfurt 1997
Dr. Kurt Floericke: Plagegeister, Stuttgart 1917
Dietmar Grieser: Im Tiergarten der Weltliteratur, München 1993
Karl Wilhelm Harde: Nützliches Ungeziefer, Stuttgart 1964
Harde/Severa: Der Kosmos-Käferführer, Stuttgart 1981
Joachim und Hiroko Haupt: Insekten und Spinnentiere am Mittelmeer, Stuttgart 1993
Jörg Hess: Heimliche Untermieter, Solothurn 1980
Bernd Hölldobler: Auf den Spuren der Ameisen, Wiesbaden 2013
Klaus Honomichl: Insekten: die heimlichen Herrscher der Welt, München 2003
Bernhard Kegel: Tiere in der Stadt, Köln 2013
ders.: Die Ameise als Tramp, Zürich 1999
Karin Kippenhahn: Ich glaub', ich hör' nicht recht, Stuttgart 2011
Walter Kirchner: Die Ameisen, München 2007
Dr. Jutta Klasen/Gabriele Schrader (Umweltbundesamt): Bettwanzen: Biologie des
    Parasiten und Praxis der Bekämpfung, Berlin 2011
Mario Markus: Unsere Welt ohne Insekten, Stuttgart 2014
Franz Renner: Spinnen, Kaiserslautern 1990
Joachim Ringelnatz: Die Ameisen, Meine Musca Domestica, aus:
    Joachim Ringelnatz: Sämtliche Gedichte, Zürich 2005
Rainer Schmitz(Hrsg.): Flohwalzer, Flohfallen und Flöhe im Ohr, Leipzig 1997
Lisa Signorile: Missgeschicke der Natur, München 2014
Hannes Sprado: Verfressen, sauschnell und unkaputtbar. Das phantastische Leben
    der Kakerlaken, Berlin 2012
Mark Twain: Ameisen aus: Mark Twain Gesammelte Werke, Köln 2014
Wachmann/Melber/Deckert: Wanzen Band 1, Keltern 2006

Karl Heinrich Waggerl: Das K nd in der Krippe /in: Das Kind in der Krippe,
    Gesine Dammel (Hrsg) Berlin 2015
Welche Spinne ist das / Kosmos Naturführer, Stuttgart 2009
Stefan Wilfert: Alles ist Gift, München 2012
www.scinexx.de
www.wissenschaft-aktuell.de
www.journals.plos.org

Stefan Wilfert
ALLES IST GIFT – Auf die Dosis kommt es an
Gebunden, 200 Seiten
mit 100 Fotos
ISBN: 978-3-942194-09-9

GEHEIMNISSE DER NATUR

Begleiten Sie den Autor auf seinem Spaziergang durch die Welt der Gifte, bei dem interessante Gifttiere, spannende Giftpflanzen, bemerkenswerte Giftpilze und nicht zuletzt berühmt gewordene Giftmörder vorgestellt werden. Er beantwortet Fragen wie: Können sich Giftschlangen selbst vergiften? Welches Fischgericht darf der japanische Kaiser nicht essen? Gibt es giftige Vögel? Ist Kleopatra wirklich an einem Vipernbiss gestorben? Was ist eine Zombiegurke? Und: Können Tiere ohne Folgen Giftpilze fressen?

Ein besonderes Thema, präsentiert in einem besonderen Buch – unterhaltsam, wissenschaftlich fundiert, begleitet von beeindruckenden Bildern.

Uta Henschel
**ZWISCHENTIERISCHES –
Dr. Lucy Brehms Rat für
ratlose Tiere**
Gebunden, 152 Seiten
mit 38 Farbillustrationen
ISBN: 978-3-942194-15-0

FRECH UND AMÜSANT

Der Kummerkastentante Dr. Lucy Brehm ist keine Krise zu profan,
keine Pein zu banal, kein Einblick zu intim, keine Amour zu fou.
Sie ist nicht zimperlich, wenn sie erklärt, wann eine Geschlechts-
umwandlung Vorteile bringt, weshalb wandernde Augen in der
Pubertät völlig normal sind, Zweitgeborene mit einem gewaltsamen
Ende durch Familienmitglieder rechnen müssen und Stimmenhören
nicht unbedingt ein Zeichen geistiger Verwirrung ist.

Tiere vertrauen sich Dr. Lucy Brehm an, schreiben über ihre Sorgen
und Ängste. Die mit allen Wassern der Evolution-biologie gewa-
schene Tierberaterin muntert ihre Korrespondenten auf, dämpft zu
ehrgeizige Erwartungen, rückt ihnen nicht selten den Kopf zurecht
und macht ihnen klar, an welche Regeln sie sich im Spiel des
Lebens halten oder von welchen falschen Vorstellungen sie sich
frei machen sollten.

Stefan Wilfert (Hrsg.)
DAS LESEBUCH DER SPIELER – 30 literarische Spielszenen um Strategie, Glück und Leidenschaft
Gebunden, 320 Seiten
mit Schwarz-Weiß-Illustrationen
ISBN: 978-3-942194-17-4

LESEN – STAUNEN – VERSTEHEN

In den Bestsellern zur Verhaltens- und Gehirnforschung werden immer wieder Versuchsszenarien beschrieben, bei denen in Spielsituationen menschliches Verhalten erforscht wird. Schriftsteller haben dieses Thema schon viel früher entdeckt. Viele Werke der Literatur enthalten Spielszenen, oder das Spielen steht sogar im Mittelpunkt, etwa bei Dostojewskis »Der Spieler« oder in Stefan Zweigs »Schachnovelle«. Spiel ist eben nicht nur einfach Spiel. An und bei ihm zeigt sich Dramatisches, Emotionales und Schicksalhaftes. Ja, beim Spiel kann es auch um Leben oder Tod gehen – der ideale Stoff für Romane und Erzählungen.

Neben der sorgsamen Auswahl der literarischen Texte hat der Herausgeber, ein ausgewiesener Spielexperte, die einzelnen literarischen Spielszenen mit unterhaltsamen und kenntnisreichen Einführungs- und Überleitungstexten verbunden.

EDITION SOS-KINDERDÖRFER –
GESCHICHTEN AUS ALLER WELT
MYTHEN, MÄRCHEN UND ANDERE GESCHICHTEN

Die Buchreihe, cie uns ardere Länder und Kulturen durch ihre
Geschichten näherbringt. Über 30 Geschichten pro Band:
von Schöpfungsmythen b s zu zeitgenössischen Texten. In schöner
Ausstattung mit liebevollen Illustrationen zu vielen Geschichten

BRASILIEN | Gebunden, 204 Seiten | ISBN: 978-3-942194-02-0
INDIEN | Gebunden, 228 Seiten | ISBN: 978-3-942194-03-7
SÜDAFRIKA | Gebunden, 216 Seiten | ISBN: 978-3-942194-04-4
NORDAMERIKA | Gebunder, 268 Seiten | ISBN: 978-3-942194-12-9
SKANDINAVIEN | Gebunden, 324 Seiten | ISBN: 978-3-942194-13-6

Autor / Stefan Wilfert
Gestaltung, Satz und Layout / agenten.und.freunde, München
www.a-u-f.de
Illustration Titel / Adobestock - Pyramis
Druck / Friedrich Pustet GmbH & Co. KG

ISBN: 978-3-942194-24-2

Bibliografische Information der Deutschen Nationalbibliothek:
Die Deutsche Nationalbibliothek verzeichnet diese Publikation
in der Deutschen Nationalbibliografie; detaillierte bibliografische
Daten sind im Internet unter www.dnb.de abrufbar.